Undervisandets glädje

Om teori och praktik i lärarutbildning

© Svend Pedersen 2018
Förlag: BoD – Books on Demand, Stockholm, Sverige
Tryck: BoD – Books on Demand, Norderstedt, Tyskland
ISBN: 978-91-7785-408-1

Innehåll

Förord   6

Kap. 1   Inledning   9

Kap. 2   Några pedagogiska problem för NO-didaktiken att beakta   19

Kap. 3   Om min egen lärarutbildning och första skoltjänst   52

Kap. 4   Experiment och laborativt arbete – vilket värde har det?   74

Kap. 5   Om lärares kunskapsbaser och "pedagogical content knowledge"   81

Kap. 6   Lärarutbildning i NO-ämnen vid Lärarhögskolan i Stockholm   90

Kap. 7   Att lära till lärare   110

Kap. 8   Inför framtiden: Respekt för lärarnas arbete och satsning på handledning   132

Om litteratur   139

Förord

Svend Pedersen tar i sin bok *Undervisandets glädje* upp vikten för en undervisande lärare i skolan att "komma till tals med eleverna". Vi har haft förmånen att ha närmare kontakt med Svend i olika sammanhang där han har haft olika roller som lärare i lärarutbildning, äldre och mer erfaren kollega, och som handledare i forskarutbildning. Ett utmärkande drag för Svends engagemang i samtliga dessa är att han har varit otroligt lätt att "komma till tals med". Vi har varit med om lyhörda samtal som bidragit till ett intresse för att förstå undervisning, lärande, och lärares arbete bättre. Frågan "varför blev det på det ena eller andra sättet" i den egna verksamheten har oftast varit drivkraften för en önskan att förstå mer och har fungerat som motor för dessa reflekterande samtal.

I *Undervisandets glädje* beskriver Svend erfarenheter från sin tid som lä-rare i skolan och inom lärarutbildningen. Ständigt närvarande i beskrivningarna finns frågan om hur man bättre kan tolka och förstå egna erfarenheter och olika situationer i undervisningen. Att elever och lärarstudenter resonerar "fel" om olika naturvetenskapliga fenomen blir inte ett konstaterande utan i stället en grund för att resonera om möjliga förklaringar som i sin tur lägger en grund för att förstå lärandet bättre.

Undervisandets glädje är en stimulerande och intresseväckande läsning där Svend Pedersen med hjälp av exempel och minnen från undervisning under flera decennier beskriver dels sin egen väg mot att utveckla en djupare förståelse för undervisning, dels hur systematisk forskning fick en mer framskjuten plats i svensk utbildning av lärare i naturvetenskapliga ämnen.

Den ämnesdidaktiska forskningen i Europa började utvecklas under 1970-talet när det blev uppenbart att ungdomar valde bort naturvetenskap samtidigt som samhällsutvecklingen krävde fler naturvetare och tekniker. Man hänförde den problematiken till undervisning och lärandeprocesser i naturvetenskap. När Svend började arbeta som lärare i lärarutbildningen fanns ännu väldigt lite publicerat och Svend kom att bli en av pionjärerna i naturvetenskapsdidaktisk forskning i Sverige. Han bidrog i högsta grad till att systematisera och utveckla kunskap om undervisning och lärande i naturvetenskapliga ämnen.

Lotta Lager-Nyqvist   *B-O. Molander*

Att lyssna och komma till tals
Att tampas – om så behövs

KAPITEL 1

Inledning

Vart är skolan på väg? Något måste vi göra – men vad?

Knappast någon kan ha undgått att höra talas om att den svenska skolan befinner sig i kris. Alla har hört om det på radio eller TV. Alla vet det.

En fråga som verkligen oroar är bristen på kompetenta lärare i flera av skolans ämnen. Särskilt prekär är situationen i matematik och de naturvetenskapliga ämnena. Många lärare flyr yrket. Man får högre lön och har bättre befordringsmöjligheter om man tar jobb utanför skolan. Det är få studenter som haft matematisk-naturvetenskaplig inriktning i sina gymnasiestudier som söker lärarutbildning.

Vill man verkligen förbättra kvaliteten på undervisningen i skolan måste man arbeta långsiktigt och göra en bred satsning riktad bl.a. mot lärarutbildningen. En satsning som skulle kunna innebära en höjning av utbildningens kvalitet. En satsning som kommer att ställa krav på insikter om läraryrkets komplexitet innefattande bl.a. ämneskunnande och kunskaper om elevers lärande, lärarstudenters lärande och inte minst lärarnas eget lärande i sin praktik. Målet för verksamheten måste vara att lärarstudenterna känner att de får en kvalificerad utbildning som ger möjligheter till bra jobb. Det skall vara intressant att vara lärare. Sist men inte minst viktigt är att den blivande läraren genom sina nya erfarenheter får ökat självförtroende.

Det har i detta sammanhang talats om att ett sätt att höja statusen på lärarjobbet vore att höja lönen. För mig personligen är det ett märkligt sätt att tänka om status. Det viktiga är inte högre status för lärarna. Jag skulle hellre önska mig att de åtgärder som vidtas resulterar i *större respekt för lärarens arbete*.

Någon gång under höstterminen 2013 satt jag en morgon i köket och lyssnade på ett debattprogram om skolan som sändes i radion och konstaterade att nivån många gånger var ganska låg. Femton år efter jag gått i pension lyssnade jag på vad som debatterades och undrade stillsamt: Vad håller de på med egentligen? I dag, två år senare, tvingas jag ställa samma fråga.

En alternativ väg för att stimulera rekryteringen till lärarutbildningen

Jag har arbetat som lärarutbildare i nästan 35 år och tycker inte att skolan och lärarutbildningen har fått en rättvis presentation i massmedias skriverier. Med tanke på att föreslagna/genomförda åtgärder inte är tillräckliga, är det frestande att föreslå en *alternativ ansats för att stimulera lärartillgången*. Borde man inte satsa på *en intressantare lärarutbildning*?

Vill man höja kvaliteten på utbildningen bör man sikta högt. Man måste vara beredd på att det kan innebära att nya idéer kommer att prövas efter diskussioner mellan företrädare för olika ämnen och utbildningstraditioner. Det finns en uppenbar risk för att konflikter kan uppstå. Men gör man ingenting åt nuvarande situation kan vi på sikt få verkliga problem.

När jag nu gör ett försök att diskutera en sådan satsning på lärarutbildningen kommer jag av naturliga skäl som gammal biologi- och kemilärare hämta en del av mina exempel från naturvetenskapsundervisningen. Det är dock min förhoppning att denna skrift går att läsa även om man inte är naturvetare.

Alla behöver inte bli naturvetare, men de allra flesta människor kommer ändå i sitt vuxna liv att beröras av frågor som kräver basala kunskaper i naturkunskap. När några f.d. kollegor hade läst litet av mina skriverier fick jag frågan: Vem skriver du för? Är det för lärarstudenter, lärarutbildare, eller lärare som arbetar ute i skolan. Mitt svar får bli blygsamt: Alla är välkomna att läsa.

Varför denna skrift?

Det är ingen metodbok om hur man undervisar. Den kan snarast ses som ett försök att invitera till ett sätt att tänka kring undervisning och lärarutbildning. Grundläggande didaktiska frågor är ofta ganska tidlösa i den meningen att de handlar om ett undervisningsstoff som skall kommuniceras av en lära-re till elever som också är tänkande individer. Om man som lärare försöker pejla olika elevers förståelse av ett problem kan man mycket väl få svar som tyder på att elevernas förståelse inte betingas enbart av deras ålder. Detta ta-lar för att boken kan läsas av studenter och lärare med olika bakgrund.

Det är min förhoppning att en samtalande och *reflekterande lärarutbildning* skulle skapa möjligheter till diskussioner mellan företrädare för olika ämnen som inte bara följde i gamla hjulspår utan även inbjöd till friare re-flektioner.

Vad skulle en satsning på en förstärkning av lärarutbildningen innebära?

Finns det frågor som måste tas upp, eller verksamhet som radikalt måste förändras? Finns det ett äkta engagemang för och en villighet till samarbete även över ämnesgränserna? Det är viktiga frågor om man vill satsa på en samtalande och reflekterande lärarutbildning. Bakom frågorna ligger ingen önskan om att provocera utan det är en bitter erfarenhet av människors rädsla för att ändra uppfattning som får mig att ta upp dessa frågor.

Det tillkommer inte mig att komma med råd hur andra skall arbeta. Däremot skulle jag (om jag vore 40–50 år yngre) med nöje delta i ett ämnesövergripande projekt. Ett sådant projekt skall även kunna användas som illustration av vad som krävs för att projektet skall godkännas.

Utvärderingen av projektet skulle med fördel kunna utnyttjas för studentens egen utvärdering av det egna lärandet.

Studenters och lärares deltagande i verksamhetsförlagd utbildning

Viktigt är att studenterna får arbeta med kompetenta handledare under sin praktik. Dessa handledare skall ha utbildning, för att själva utbilda. Om denna del av utbildningen genomförs som ett samverkansprojekt med deltagande av ämneslärare, praktikhandledare, metodiklärare och lärarstudenter borde förutsättningar finnas för en god koppling mellan pedagogik och skolans praktik

Förhoppningsvis skulle det kunna underlätta att ett gemensamt yrkesspråk utvecklades. I redovisningen av arbetet skulle man med fördel kunna lägga in deltagarnas personliga utvärdering av momentet samt personliga reflektioner kring sitt eget lärande. Man kan förmoda att radikala förändringar i kursplaner kan framkalla skepsis bland de tveksamma, varför det kan vara mödan värt att genom seriösa diskussioner förbereda olika förslag till nyordning. För att bli uttagen till handledare krävs att man klarar att samarbeta när det uppstår problem. Rätt hanterad skulle en sådan uppläggning kunna utgöra ett exempel på en *förtroendeskapande åtgärd* som troligen är helt nödvändig om man vill komma bort från de motsättningar som av historiska skäl länge försvårat möjligheterna till utveckling av lärar-utbildningen.

På vetenskaplig grund och beprövad erfarenhet

Enligt högskoleförordningen skall all undervisning vila på vetenskaplig grund och beprövad erfarenhet Uttrycket *Vetenskaplig grund och beprövad erfarenhet* kan ses som ett sätt att precisera, kortfattat definiera och ge tyngd åt myndigheternas krav på forskningsanknytning av högskolans verksamheter. Detta gäller även den konstnärliga verksamheten. Inom medicinen talar man i stället om betydelsen av att forskningsresultat är evidensbaserade.

I kapitel 6 redovisar jag under rubriken *Något om en begynnande forskningsanknytning* hur denna verksamhet startade i anslutning till biologi- och kemimetodiken.

Från undervisning på beprövad erfarenhet till utbildning på vetenskaplig grund

Efter att ha undervisat i ungdomsskolan (grundskolans högstadium och gymnasiet) i 5 år sökte jag och fick en ordinarie tjänst som lärare i biologi och kemi vid Lärarhögskolan i Stockholm. Under det första året undervisade jag enbart på de ämneskurser som gavs på låg- och mellanstadielärarlinjerna. Den största skillnaden mellan att undervisa på dessa lärarlinjer och undervisa i gymnasiet var den stora frihet man hade som lärare på högskolan vad gällde kursuppläggning. Under dessa ämneskurser skulle valda metodikmoment behandlas.

Som lärare i ämnesmetodik på ämneslärarlinjen hände det att man ställdes inför val som kunde upplevas som svåra. Vissa studenter krävde att få en metodikundervisning som var full av tips och närmast kopierbar. För att konkretisera ett förlopp kanske man till och med lekte lektion. I andra fall kanske metodiklektorn själv spelade upp episoden. I de flesta metodikkurser fanns det en inbyggd konfliktrisk mellan å ena sidan önskemål om att diskutera målfrågor för ämnet ifråga och å andra sidan kravet att få tips och förslag till praktisk undervisning. I slutändan måste all metodikundervisning ha som mål att lärarstudenten så småningom förmår att själv styra valet av metod.

Bristen på ämnesdidaktisk litteratur

Något som snart slog mig var att 70-talets metodikundervisning innehöll mycket litet litteraturstudier. Studenterna arbetade med sina metodikuppgifter som de sedan redovisade för sina lärare och studenter i studiegruppen. Dessa uppgifter innebar många gånger en planering av ett längre eller kortare undervisningsmoment. Man diskuterade läroplaner och förekommande läromedel. Litteratur baserad på ämnespedagogisk forskning saknades ofta helt. Det var ofta en praktiskt inriktad *metodikundervisning baserad på beprövad erfarenhet.* Undervisningen speglade ofta den undervisande lärarutbildarens personlighet och pedagogiska åskådning. Lärarutbildaren var ofta hänvisad till egna idéer och initiativ. För min personliga del valde jag, påverkad av kontakter med lärarutbildare i Göteborg, att kombinera min undervisning på Lärarhögskolan i Stockholm med halvtidsstudier i pedagogik. På detta sätt kunde jag utnyttja möjligheten att ge mina specialarbeten i de pedagogikkurserna jag läste en inriktning mot frågor kring *elevers sätt att förstå och resonera kring naturvetenskap.*

Det samlade materialets två huvudfrågor

Som metodiklektor genomförde jag ett stort antal besök i skolorna och fick därigenom möjlighet att studera lärande på flera nivåer inom skolan nämligen skoleleverna och lärarstudenternas respektive lärande under lärarutbildningen.

Det ingick ju i arbetet som metodiklektor att föra anteckningar under studenternas övningsundervisning för att sedan under ett handledningssamtal komma med konstruktiv kritik med utgångspunkt i den av studenten genom-förda lektionen, men också att samtala med den blivande läraren om mer allmänna frågor som aktualiserats under övningspraktiken. Renskrivna anteckningar från skolbesök kunde sedan utgöra råmaterial för undervisning, utvecklingsarbeten, kompendieproduktion etc. I kapitel 6 presenterar jag kommunikationen mellan en undervisande lärarstudent, två pojkar, en flicka som har tagit på sig rollen som hjälplärare, en praktikhandledare och en besökande metodiklärare. Samtalet som fördes mellan de inblandade visar att ett händelseförlopp kan vara svårt att tolka. Icke desto mindre kunde jag i min undervisning ha användning av det.

Till min stora förvåning upptäckte jag i slutet av 70-talet att det i utlandet gavs ut ämnesdidaktiska tidskrifter av typen *Journal of Biological Education,* samt att det även började produceras litteratur i bokform skriven av framstående ämnesdidaktiska forskare som t.ex. Rosalind Driver, Joan Solomon, Peter Fensham, Wynne Harlen etc. Så här i efterhand inser jag att kompendieproduktionen var ett desperat försök att fylla ett behov av litteratur som redan vid denna tidpunkt hade kunnat tillgodoses om jag och mina kolleger hade vetat om vad som ägde rum i vår omvärld. Det visar på faran att ha gamla tiders uppdelning med lärare som undervisar på grundkursnivå och andra lärare som enbart ägnar sig år forskning och "deep thinking".

EKNA-gruppens projektrapporter, publicerade vid Göteborgs universitet, gav oss småningom en modell för hur man kunde genomföra ämnesdidaktiska forskningsprojekt. Rapporterna var skrivna på ett språk som gjorde att de kunde läsas av gemene man och litteraturreferenserna öppnade dörrar för den som ville fördjupa sig teoretiskt. EKNA-gruppens arbeten rörde till en början elevers förståelse av fysikaliska begrepp. Vid samma universitet ar-betade Leif Lybeck ganska tidigt med liknande frågor. EKNA-gruppens publikationer i kompendieform var av stor betydelse för NO-didaktiker vid andra lärosäten i vårt land. Via seminarier och kurser som bl.a. riktade sig till lärarutbildare startade spontant olika projekt t.ex. i Stockholm, Malmö, Kristianstad och Uppsala.

En positiv följd av en lätt kaotisk situation var att didaktiska frågor med anknytning till den egna verksamheten började bli intressanta att fördjupa sig i. Detta resulterade småningom i tre avhandlingar, skrivna av lärare vid institutionen, som alla behandlade frågor inspirerade av lärarutbildarens egna erfarenheter (Pedersen 1993, Molander 1997 och Lager-Nyqvist 2002). De reflektioner jag skrivit ned på följande sidor har sin grund i detta forskningssammanhang.

Det samlade materialet i denna skrift behandlar två *huvudfrågor*

- *Skolans NO-undervisning granskad ur ett elevperspektiv med fokus på elevers förståelse* av *naturvetenskapens förklaringar*.
  Dessa frågor har varit centrala och dominerade under 70- och 80-talet i den ämnesdidaktiska forskning som då växte fram. Även om forskningen har utvecklats och breddats kommer med säkerhet elevers förståelse förbli en viktig angelägenhet för den lärare som undervisar i naturvetenskap.

- *Att lära till lärare i naturvetenskap genom lärarutbildning.*

Om vi ställer krav på att lärare skall lyssna på sina elever måste vi i konsekvens med detta ställa samma krav på oss själva när vi undervisar. För en lärarutbildare borde detta kunskapsområde (dvs. att förstå vad ens studenter har förstått) självklart vara av största intresse.

Det som började som insamling av material för praktisk metodikundervisning har i och med denna i sammanställning blivit ett bidrag till kunskaperna om hur det kunde vara i skolan för ett par generationer sedan.

Några termer och hur de används

I dag förekommer ett antal termer för att beskriva undervisning t.ex. i samband med lärarutbildning. Om jag utgår från ämneslärarutbildningen på 60-talet omfattade den i stort ämnesstudier vid ämnesinstitutionerna, pedagogikstudier vid pedagogikinstitution samt praktisk lärarutbildning vid lärar-högskola. Vid lärarhögskola undervisades bl.a. i metodik. Metodiken hade inriktning mot det stadium/de ämnen som var aktuella för den blivande lära-ren. Den blivande läraren hade ämnesstudier, pedagogikstudier och praktisk lärarutbildning i viken ingick undervisningsmetodik.

I samband med reformering av lärarutbildningen på 70-talet, infördes termen didaktik (undervisningslära) i kursplanerna. Anledningen till detta var förmodligen att man önskade betona att pedagogiken skulle ha en inriktning mot undervisningsfrågor. En del skribenter använde termerna pedagogik och didaktik som synonymer. Vanligast är nog att pedagogik har en allmän betydelse medan ordet didaktik används för att diskutera pedagogik i samband med undervisning.

För undervisningsfrågor av generell karaktär användes ofta termen *allmändidaktisk* medan ämnesrelaterade frågor sorterades in som *ämnesdidaktiska*.

Var hamnade då metodiken? För många utgör metodiken/ämnesmetodiken ett tydliggörande av hur man undervisar i praktiken. I samband med kursplanearbetet inför grundskollärarreformen på 80-talet kom metodiken att ingå i olika sammanhang på de olika lärosätena. På en del högskolor in-gick den som den praktiska komponenten i ämnesdidaktikkursen. På andra ställen handlade det nog mest om ett namnbyte. När jag började som metodiklärare var min undervisning nog ganska praktiskt, experimentellt inriktad. Med tiden fick vi allt flera kontakter med kolleger vid utländska universitet, vilket medverkade till att det teoretiska inslaget i undervisningen ökade.

Resultatet blev att den *praktiskt inriktade ämnesmetodiken* kunde utvecklas med *ämnesdidaktiken som teoretiskt stöd*.

De frågor som behandlades i ämnesdidaktiken var till en början *hur* undervisning går till, *hur* eleverna förstår och *hur* man skall få dem att tycka ett visst skolämne, t ex. naturvetenskap, är intressant. En annan fråga som lyftes fram såväl av SO-didaktiken som av NO-didaktiken är *vad* skall vi undervisa om. Den tredje frågan är *varför* skall vi undervisa (om ett visst ämnesinnehåll) dvs. granska och ger ett motiv för undervisningen.

Om man anser att skolan i första hand är till för eleverna, och inte tvärtom, blir *för vem skall vi undervisa* en naturlig följdfråga.

Översiktsbilden (fig. 7 i kap. 2) av ett antal NO-didaktiska kunskapsområden visar ett stort antal moment aktuella att ta upp med elever men där läraren, beroende på elevernas varierande bakgrund och förkunskaper, kan välja att anpassa undervisningen efter eleverna.

Översiktlig presentation av innehållet i föreliggande arbete

Kap. 1: Inledning: Om den svenska skolans kris.

Kap. 2: Några problem för NO-didaktiken att beakta. För att uttrycka det en smula högtidligt: mitt "uppdrag" har varit att utbilda lärare i naturvetenskapliga ämnen. För att göra denna redovisning så konkret som möjligt utgår jag från några självupplevda episoder som visserligen är korta men ändå tydligt visar på problemområden för NO-undervisningen, nämligen när det gäller undervisningens innehåll och vad gäller undervisningens begriplighet.

Kap. 3: Erfarenheter från egen lärarutbildning och tjänst på ungdomsskolan. Att skriva om sina egna erfarenheter som ung lärare är inte det lättaste. Icke desto mindre har jag valt att ta med några berättelser från den tiden som för många av oss oerfarna studenter var en tid fylld av oro inför jobbet som lärare. Skulle man orka med det? Skulle man accepteras av eleverna?

Att etablera ett gott förhållande till eleverna var på något sätt det viktiga för att man skulle våga fortsätta mot läraryrket. Det handlade om att överleva.

Kap. 4: I detta kapitel diskuteras det som brukar benämnas "Det experimentella och undersökande arbetssättet".

Kap. 5: tar upp frågan om lärares kunskapsbaser och "pedagogical content knowledge".

Kap. 6: I kapitlet ges en presentation av den dåvarande Lärarhögskolan i Stockholm.

Kap. 7: Redovisning av två fallstudier som beskriver *Att lära till lärare.*

Kap. 8: Om handledningsfunktionen

Kommentar:
Mitt material är av den arten att jag har haft svårt att redovisa mina erfarenheter längs en objektiv tidslinje. Jag har valt att börja med att ge några exempel på frågor och problem som är förknippade med skolans NO-undervisning. Dessa problem existerade säkerligen när jag började min första skoltjänst men var inte så märkbara att vi lärare diskuterade kring dem. De tas därför inte upp i kapitel 3, eftersom åtminstone jag inte var särskilt medveten om dem. Det var först under senare delen av 70-talet som intresset för elevperspektivet ökade bland lärare och lärarutbildare.

KAPITEL 2

Några problem för NO-didaktiken att beakta

Är NO verkligen något viktigt?

Så lät frågan som Birgitta, 14 år, helt plötsligt ställde mig inför när vi var på väg till en fotbollsmatch inom ramen för den s.k. S:t Eriks-cupen. Hon deltog i egenskap av ettrig mittfältare och jag som tränare och lagledare för ett flicklag. Samtalet som jag skrev ned samma eftermiddag var som följer:

B: Du Svenne, du är väl lärare?
S: Ja, det är jag.
B: Är du lärare i NO?
S: Javisst, hurså?
B: Kan du tala om för mig om NO är något viktigt? Du vet vi har SO och NO i skolan och SO det förstår jag ... och då förstår jag att det är viktigt ... men ... NO det förstår jag inte ... det är bara en massa elektroner som kilar omkring.

Vi fick inte tillfälle att reda ut hennes bekymmer, bl.a. för att tiden var knapp innan flickorna skulle spela match. Vi pratade nog aldrig om hennes syn på NO-undervisningen sedan i samband med fotbollen. Det var först senare som jag började fundera närmare kring hennes "utspel". Den anteckning jag hade gjort fanns bevarad och hade hamnat i det material som jag på den tiden samlade på mig för att eventuellt kunna använda i undervisningen. Under denna period (i slutet av 70-talet) började det bland lärare i natur-vetenskap spira ett intresse för ämnesdidaktiska problem som t.ex. elevers förståelse av centrala begrepp i kemi och fysik, se t.ex. publikationer av EKNA-gruppen (Andersson, 1989).

EKNA-gruppens publikationer rönte stort intresse bland lärare i naturvetenskap. Intresserade lärare fick i det s.k. LMN-projektet ett exempel på ett utvecklingsarbete grundat på pedagogisk teori, nämligen Piagets stadieteori. Intresset för elevers tänkande och resonemang blev stort och resulterade i utvecklingsarbeten på olika nivåer och så småningom även ett antal doktorsavhandlingar. Intresset för elevers alternativa idéer och förklaringar (vardagsförståelse) var så stort att didaktikens "vad och varför"-frågor kom i skymundan, frågor som låg mycket nära dem som Birgitta hade formulerat. Skamligt nog glömde jag bort Birgitta en smula. Däremot intervjuade jag och konfronterade henne med hennes tidigare temperamentsfulla utspel när vi hade en återträff ett antal år senare. Hon svarade "så där var det". Det var hennes minnesbild av NO-undervisningen.

Det ligger utanför ramen för detta arbete att redovisa den omfattande internationella forskning som gjorts kring elevers upplevelser av skolans NO- undervisning. Birgittas utsaga – att hon *inte förstår* poängen med NO – är en synpunkt som nog många föräldrar har mött.

Hennes synpunkt, att det är bara en massa elektroner som kilar omkring, tyder på att resonemang med utgångspunkt i elektroner och deras eventuella rörelser inte har något *förklaringsvärde* när hon försöker förstå skolans NO-undervisning. I likhet med många flickor ställer hon höga krav på sin egen förståelse när hon skall lära sig ett stoff. Det har i olika undersökningar visat sig att naturvetenskapliga moment intresserar flickorna om det som skall studeras kan sättas in i ett samhälleligt, mänskligt eller estetiskt sammanhang (Sjöberg & Imsen, 1988). Om det verkligen är så illa att hon upplever att NO-undervisningen mest handlar om elektroner som" kilar omkring" målar hon upp en bild av ett skolämne som hon inte tycks uppskatta. Eftersom hon inte blev direkt ombedd att värdera skolans NO-undervisning säger Birgitta ingenting om det annat än att hon *förstår SO och då förstår jag att det är viktigt.*

Alla behöver inte bli naturvetare, men alla människor kommer i sitt vuxna liv att beröras av frågor som kräver basala kunskaper i naturvetenskap. De elever som tycker som Birgitta utgör i själva verket en mycket viktig grupp för skolan att påverka. Det kan även gälla lärare i andra ämnen som kanske är skeptiska till skolans undervisning i naturvetenskap. Ibland kom-mer denna skepsis i dagen, när de inför kolleger berättar att de aldrig förstod vad som "ägde rum i alla kolvar och provrör framme vid katedern i kemi-salen". Inledningsvis har jag berört att den tidiga NO-didaktiska forskningen hade en klar inriktning mot att studera elevers förståelse och lärande. När Birgitta (14 år) kommer till tals kan man säga att *lärande- och elevperspek-tivet* har vidgats och fördjupats. När hon frågar: "Kan du tala om för mig om NO är något viktigt", så gör hon troligtvis det mot bakgrund av en annan fråga: "Varför ska vi lära oss det här (vad har jag för nytta av att kunna det här?)"

Den NO-didaktiska litteraturen visar att Birgittas synpunkter inte är unika. I en bok av John Head, *The personal response to science* (1985), stönar en engelsk elev över en tråkig fysiklaboration.

> As it is, I sit at the back of the room listening to irrelevant rubbish on topics such as "How to give yourself directional velocity if stuck in the middle of a frictionless ice-rink". And I am, not unnaturally, bored stiff. For God´s sake, give the subject some relevance. (Head 1985, s. 37)

Eleven ser inget samband mellan undervisningens konstruerade fysikpro-blem och vardagens verkliga problem. Vi kan beklaga det. Frågan är om vi har någon beredskap för att få honom positivt inställd till ämnet?

Kunskapsemfaser – ett sätt att tänka kring undervisningsinnehåll

Arbeten av Roberts (1988) och Östman (1995) har sedan de publicerades öppnat för en meningsfull diskussion kring hur NO-undervisning kan ge-nomföras med varierande tonvikt på vetenskap, teknologi, handling och be-slut. Roberts och Östman pekar på betydelsen av att den blivande läraren inte bara måste ha goda ämneskunskaper utan även, med hjälp av dessa kunskaper, klarar av att undervisa och att lägga upp undervisningen ur olika kunskapsperspektiv ("curriculum emphasis"). Roberts och Östmans taxonomi kan tjäna som analysinstrument för att karaktärisera och beskriva olika perspektiv som är aktuella i viss undervisning. Den pekar på olika möjligheter för läraren att välja inriktning för sin undervisning i NO samt inbjuder också till ett varierat arbetssätt. Frågan "what counts as science education" (Roberts, 1988) besvaras inte genom en uppräkning av ett antal ämnesområden som skall ingå i en kurs. Den handlar i stället om olika sätt att beskriva naturvetenskap genom att olika perspektiv renodlas och betonas. Beroende på uppläggning, läromedel etc. förmedlas samtidigt till den lärande en bild av ämnet, ämnets natur och en motivering till varför ämnet läses.

Här följer en kortfattad sammanställning av de av Roberts och Östman föreslagna kunskapsemfaserna.

(1) *Correct Explanation* – Naturvetenskap en samling korrekta förklaringar.

(2) *Solid Foundation* – Naturvetenskap är uppbyggd av ett antal grundläggande fakta och teorier som måste behärskas för att mer komplicerade frågor skall kunna förstås.

(3) *Everyday Coping* – Praktisk vardagskunskap, med inriktning mot att klara av enkel vardagsteknik.

(4) *Science, Technology and Decisions* – Ett tvärvetenskapligt perspektiv som utgår från att som medborgare i ett samhälle måste var och en vara beredd att ta ställning i frågor som ibland kan vara nog så komplicerade. För att kunna ta ställning i frågor där det kanske råder stora meningsskiljaktigheter. Ett slags medborgarkunskap.

(5) *Structure of Science* – Vetenskapens natur och hur den utvecklas. Vetenskapliga kontroverser.

(6) *Scientific Skill Development* – Vetenskaplig skicklighet.

(7) *Self as Explainer* – Att kunna förklara själv.

I boken: *Naturvetenskap och naturorienterande ämnen i grundskolan – en ämnesdidaktisk handledning* (Wickman & Persson 2009) ges en fyllig presentation av tankarna bakom Roberts och Östmans taxonomi samt hur den kan användas i praktisk undervisning.

Tillvaratagande av flickors intresse för naturvetenskap

Redan tidigare har vi konstaterat att alla elever inte behöver bli naturvetare men att alla vuxna människor kommer att beröras av frågor som kräver basala kunskaper i naturvetenskap. Vilka är då de kunskaper som gemene man ska ha för att fungera i ett framtida samhälle? Det har ju visat sig att flickor intresserar sig för naturvetenskapliga frågor om dessa frågor kan sättas in i ett samhälleligt mänskligt eller estetiskt sammanhang. Att för eleverna presentera tankarna bakom förslagen till olika kunskapsemfaser borde kunna stimulera till ökat intresse för naturvetenskap både bland flickor och bland pojkar.

Om allmänbildande kunskap

I och med att den NO-didaktiska forskningen har breddats aktualiseras nya frågor t.ex. vilken inriktning en "allmänbildande naturvetenskap" bör ha. Man talar om akademiskt förberedande naturvetenskap, om allmänbildande naturvetenskap, och "scientific literacy". Deltagarna i diskussionen använder sig av olika terminologi, något som kan ge upphov till besvärliga gränsdragningsproblem. En gemensam strävan finns dock att nå fram till en NO-undervisning som upplevs som meningsfull av alla

Med utgångspunkt från Birgittas utspel och resonemang vågar jag påstå att det finns vissa självklara krav som måste ställas på skolans NO-undervisning:

– Undervisningens innehåll måste upplevas som relevant av eleverna.

– Undervisningen måste upplevas som begriplig av eleverna.

Experiment som källa till kunskap

När vi tänder ett ljus – vad ser vi då?

– Inte kan väl det bildas vatten när
nånting ... brinner. Eller är jag dum nu?
Lasse (blivande mellanstadielärare)

Denna episod utspelar sig på dåvarande lärarhögskolan i Stockholm. Studenterna utbildar sig till mellanstadielärare och episoden utspelar sig i star-ten av en grundkurs i kemi, som totalt omfattar 25 undervisningstimmar. För den student som inte valt att läsa tillvalskurs i kemi (ungefär 125–150 undervisningstimmar) var grundkursen den enda teorikurs som studenterna fick som grund för att undervisa i mellanstadiets kemimoment. De studenter som antogs till mellanstadielärarutbildning hade i regel höga avgångsbetyg från gymnasiet Dock var det ytterst få av de antagna som hade gått på natur-vetenskaplig linje. För att säkerställa att de studerande skulle få åtminstone någon vana vid att laborera omfattade i regel varje undervisningspass ett en-kelt experimentellt moment som följdes upp med ämnesteori och metodiska resonemang. De metodiska resonemangen kunde utgöras av säkerhetsfrå-gor, praktiska tips men också diskussioner i vilka sammanhang experimen-tet passade in i undervisningen och vilka frågor som var tänkbara för elever-na att arbeta vidare med. Viktigt var att få studenterna att uppleva de expe-rimentella momenten som meningsfulla och utmanande i all sin enkelhet.

De var starkt kritiska mot kurser som de uppfattade som ett "omtuggan-de" av gymnasie- eller grundskolekurser. Den episod som jag nu utgår ifrån är tagen från en kurs där jag undervisade. Rubriken för dagens övning (ett litet modellförsök) var troligen "Brand och hur den kan släckas". I inled-ningen av lektionen nämnde jag att jag helt medvetet skulle låta dem göra ett experiment som de förmodligen hade sett (eller själva utfört) ett flertal gånger. Studenterna uppmanades därför ha lite tålamod med mitt val av experiment. Instruktionen de fick var:

> Ställ stearinljuset så att det står stadigt. Ni skall sedan så **småningom** placera bägaren upp och ned ovanför det brinnande ljuset **men innan** ni gör det skall ni gruppvis **förutsäga** vad som kommer att ske. Skriv ned era förutsägelser! Placera nu den upp-och-nedvända bägaren över ljuset.
> Iakttagelser?
> Hur skulle ni förklara experimentet?

Studenternas förutsägelser var allmänt att ljuset skulle slockna på grund av syrebrist. De diskuterade sedan olika uppslag till frågor att ta upp med en mellanstadieklass.

Ett vanligt förslag från studenternas sida var att med hjälp av den s.k. brandtriangeln illustrera och samtala kring vad som *krävs för att eld skall uppstå* och vad som kan göras *för att släcka eld*.

Studenterna arbetade parvis med undantag för en student som arbetade ensam och såg något konfunderad ut. I fortsättningen redovisar jag endast samtalet med denne ensamme student. Vi kallar honom i fortsättningen för Lasse.

Lasses iakttagelser

När jag frågade hur det gick svarade han: "Imma ... det måste ju vara vatten på nåt sätt. ... Det måste ju vara någon kondens för att ... Det är varmare i bägaren än utanför. För inte kan det väl bildas vatten ... när något brinner. ... eller är jag dum nu?"

I likhet med sina kurskamrater hade Lasse gjort förutsägelsen att ljuset skulle slockna på grund av syrebrist. Han hade inte nöjt sig med detta. Han hade dessutom noterat något som de andra inte hade lagt märke till:

– att det var imma på insidan av bägaren

– att imman troligen var en effekt av temperaturskillnader

– att "tillkomsten" av vatten inte stämde med hans erfarenhet av vad som sker vid en förbränning.

"Imma ....det måste ju vara vatten på nåt sätt...
..det måste ju vara något kondens för att
det är varmare i bägaren än utanför...

för inte kan det väl bildas vatten när något
brinner?

Eller är jag dum nu?

Fig. 1.

Figur 1 utgör ett försök att illustrera hur hans etablerade "praxisteori" vad gäller brand och brandsläckning inte räcker till för att förklara vad som skett när stearinljuset brann.

Ljuset som slocknade

Med ord/uttryck som luft, syre., bränsle brännbart material temperatur osv. klarar man att diskutera eld och brand med hjälp av vardagliga ord. En sådan diskussion om t.ex. hur man släcker eld är troligen intressant och spännande för de flesta elever. Det som brukar sammanfattas i den s.k. brandtriangeln stämmer förmodligen väl med de flesta elevers erfarenheter. Fenomenet brand går alltså att *behandla* på ett meningsfullt sätt med hjälp av *vardagens språk: Att det bildades vatten inne i bägaren*

Att det bildades vatten inne i bägaren var det bara Lasse som observerade varför det ej heller blev noterat när studenterna skulle sammanfatta försöket. De såg bara det som de hade förutsagt att de skulle se. Lasse däremot klarade inte att få ihop sin vardagsförståelse av eld med att vatten hade bildats. Han hade troligen inte de *tankeredskap* som krävdes i form elementär kemi. För att förklara uppkomsten av vatten krävs resonemang om innebörden av en kemisk reaktion. För att förklara hur vatten kan bildas krävs att man tillgriper ett nytt sätt att beskriva vad som hänt *med hjälp av kemins språk som möjliggör att peka ut, särskilja, och namnge den materia som är involverad i ett förlopp t.ex. när ett stearinljus brinner.* **Lasses** funderingar tyder på att han resonerar utifrån sitt vardagskunnande.

Kemiläraren (figur 1) kan också förklara med hjälp av vardagskunskaper men kan även när det är nödvändigt växla över till en teoretisk värld och förklara med hjälp av kemins teori om grundämnen, kemiska föreningar, kemiska reaktioner etc. Han känner till att stearinsyra är uppbyggt av långa kolvätekedjor (som när ljuset brinner) reagerar med luftens syre och bl.a. bildar vatten vid en reaktion som frigör stor mängd energi. Denna typ av förståelse räcker för att han inte skall drabbas av samma bryderi som Lasse.

Det brinnande ljuset visar hur ett undervisningsexperiment kan beskrivas, förklaras på olika teoretiska nivåer, och därmed olika språk. De olika beskrivningarna har många gånger olika förklaringsvärde. Vilken förklaring som är den mest adekvata beror på vem den lärande är. Eleven på mellanstadiet har väl mest nytta av att lära sig att det bästa sättet att släcka en plötsligt uppkommen brand ofta är att kväva den med t.ex. en brandfilt, dvs. man hindrar tillförseln av luft/syre. När syret tar slut slocknar elden. Experimentet med ljuset är ett förslag till läraren *vad* han/hon kan ta upp och demonstrera hur man kan bekämpa brand.

Antag att en grupp elever (gymnasister) skall arbeta med frågor kring klimat och miljöfrågor, vilket innebär att energibehov och förbränning och liknande begrepp kommer att användas. *Vad* och *hur* läraren väljer att ta upp beror naturligtvis på elevernas ålder och studieinriktning. *Varför* dessa frågor är viktiga att ta upp med eleverna är att de i framtiden kommer att beröras av frågor som kräver medborgarkunskap för att kunna delta i samhälleligt beslutsfattande.

En sak är att kunna ge en kvalificerad förklaring. Som lärare måste man också ha sådana kunskaper om eleverna att man inser svårigheten det innebär för dem att tankemässigt operera med alternativa förklaringar. Här handlar det inte bara om kunskaper i kemi utan också om utan också om pedagogiskt användbara ämneskunskaper. I detta fall handlar det om kunskaper om de lärandes utgångsläge för att förstå en mer teoretisk förklaring.

Om man tänker sig att något av dessa moment skall behandlas i lärarutbildningen tillkommer därför pedagogiska överväganden läraren måste göra för att elever skall ha en rimlig möjlighet att förstå.

Lasses fråga "eller är jag dum nu" skulle ju kunna ses som en retorisk fråga. Den skall nog likväl tas på största allvar av oss naturvetare. Det måste vara varje NO-lärares käraste plikt att övertyga den lärande att man aldrig är dum bara därför att man iakttagit något oväntat som är svårt att förklara. Tvärtom, sådana iakttagelser kan utgöra inledningen till nya upptäckter. Intressant är vidare att när naturvetarna sökte efter en teoretisk bas för arbetet att utveckla skolans naturvetenskapliga undervisning sökte man sig till Piagets teorier om kognitiv utveckling. Teorier som bl.a. utgår från att ny kunskap kan vara resultatet av en anpassning till en förändrad omvärld.

Nyutexaminerade mellanstadielärare som tjänstefördelades att ta klassen i alla ämnena ställdes inför en nästan omöjlig uppgift att undervisa i kemimoment om de enbart läst grundkurser i NO. Detta problem kommer förmodligen att kvarstå även efter den senaste reformeringen av lärarutbildningen. Frågan är hur många av de lägre klasserna som även i framtiden kommer att undervisas av lärare som saknar egen djupare NO-utbildning. Under grundkurserna tränades (då som nu) studenterna i att genomföra ett antal enkla experiment. Frågan är dock i vad mån studenternas kunskaper är tillräckliga för att ge en meningsfull förklaring. Om vi återgår till stearinljuset som brann. Antag att det i klassen fanns elever som upptäckte att det bildades imma och därför frågade läraren om det var vatten och i så fall var vattnet kom ifrån. Vilka kunskaper i kemi måste då läraren själv ha för att klara av att ge en korrekt förklaring? Här kommer ett förslag:

Även om läraren inte ägnar sig år att skriva reaktionsformler måste han själv *ha någon slags inre bild av de olika partiklar* som är med i detta förlopp:

– Han måste veta att stearin/stearinsyra är ett (organiskt) ämne uppbyggt av kolvätekedjor.

– Att när ett organiskt ämne brinner reagerar det med luftens syre. Vid denna reaktion bildas bland annat koldioxid och vatten.

Vad händer vid en kemisk reaktion?

Vid kemiska reaktioner sker en större eller mindre "ommöblering" av atomer, molekyler eller delar av molekyler till nya ämnen. Vid förbränning av stearinsyra med syre innebär "ommöbleringen" att det bildas bl.a. koldioxid (av kol och syre) och vatten av (väte och syre). Vatten bildas ofta vid kemiska reaktioner mellan väte och syre, t.ex. då stearin brinner med hjälp av luftens syre, men också då bensin förbränns i en bilmotor. I bägge fallen frigörs stora energimängder. Stora mängder energi frigörs på motsvarande sätt i de levande cellerna som har en sådan struktur, att den förbränning som äger rum sker vid jämförelsevis låg temperatur som bl.a. medger att bränslets energiinnehåll kan tillvaratas och utnyttjas i viktiga energikrävande processer.

För en utbildad kemist är det nog ganska klart att vid en förbränning av stearin och andra liknande föreningar är det rimligt att det bl.a. bildas stora mängder koldioxid och vatten.

Jag har med flit avstått ifrån reaktionsformler och i stället försökt fokusera resonemanget på det väsentliga – att de tre grundämnena kol, väte och syre finns med bland "utgångsämnena" och likaså bland de "ämnen" som bildats vid reaktionen. Just i detta resonemang krävs kanske inga" formelkunskaper" som inte täcks av förhållandevis elementära kurser i gymnasiet och grundskolan. Ett problem är väl i stället frågan om *en nyutbildad lärares förmåga att göra en förenkling som är godtagbar*. Sven Thore, Sveriges förste metodiklektor i biologi, brukade säga:

> Det handlar inte om att försöka proppa i studenterna en massa biologiska fakta. Det handlar i stället om att lära dem att använda sig av de kunskaper de redan har.

Sven Thore var i första hand intresserad av biologiundervisning, men hans synpunkter borde vara giltiga för samtliga korta ämneskurser. Detta öppnar för nödvändigheten att tänka igenom frågan om hur och i vilka sammanhang skall t.ex. kemimoment tas upp i grundskolans NO-undervisning? Enligt min mening är det viktigt att *kemiska resonemang kommer in i sådana moment att dessa resonemang möjliggör en fördjupad förståelse* av momentet i fråga.

Antag att Lasse tillsammans med eleverna gjort ytterligare några experiment kring förbränning. Då har han en unik möjlighet att med enkel kemi som stöd introducera *begreppet bränsle* och diskutera olika exempel på den förbränning som sker i olika sammanhang i naturen.

För att under en kort stund återgå till Birgitta och hennes fråga om NO är något som är viktigt (se början av kap. 2). Min tro är att hon själv skulle svara ja på denna fråga om hon med utgångspunkt i några enkla experiment fått resonera kring "vad som sker vid en förbränning". Det är svårt att tänka sig en mer central biologisk kunskap än t.ex. den om levande organismers energiomsättning. Att beskriva och att förklara på en lämplig teoretisk nivå " kräver givetvis sin pedagog", dvs. en pedagog med goda ämneskunskaper som kan användas för att bygga upp för eleven fruktbara resonemang.

Varför är frågan om ett brinnande stearinljus så intressant?

Det lilla försöket med stearinljuset aktualiserar ett antal frågor kring naturvetenskapliga förklaringar och gemene mans förståelse av dessa. Lasses bryderi när hans vardagsförståelse inte passar ihop med vad han kan iakttaga i provröret, dvs. att det har bildats vatten, är bara ett av många exempel på hur naturvetenskapens förklaringar skiljer sig från våra vardagliga förklaringar. Forskarna har då ställt frågan: Vad är det som händer när man lär sig något nytt? Man har då diskuterat olika modeller för lärandets natur.

Ett förslag är att man ser på *lärandet som ett byte av förklaringsmodell,* t.ex. från vardagsförståelse till vetenskaplig förståelse. Andra ser *lärandet som att socialiseras till en ny kultur*. Vi återkommer till denna fråga i avsnittet om fotosyntesen och i avsnittet om lärarnas kunskapsbaser.

NO på lågstadiet – bland annat en fråga om språk

Lågstadielärare på kurs

Följande episod ägde rum i samband med att lärarhögskolan anordnade en fristående kurs i NO-ämnenas didaktik. De flesta av de deltagande lärarna hade sin ordinarie tjänst förlagd antingen på gymnasiet eller något av grundskolans stadier. Dessutom deltog ett antal lärare anställda vid lärarhögskolan. Deltagarna hade alltså olika bakgrund vad gällde lärarerfarenhet och lärarutbildning. Det var ett starkt önskemål från mig som kursansvarig att deltagarna skulle ha skiftande bakgrund både teoretiskt och praktiskt – detta av pedagogiska skäl.

I kursen ingick att skriva ett eget arbete. Den episod jag berättar om ägde rum vid ett handledningstillfälle. De två lågstadielärarna – som arbetade vid samma skola – hade genomfört ett mycket intressant projekt som skulle redovisas som en s.k. C-uppsats med titeln "Bomull är fast, fast den är mjuk". Min uppgift var att fungera som handledare. Efter ett avslutat handledningssamtal fick jag frågan:

Du Svend, nu när vi har chansen att fråga:
Kemisk förening är det samma sak som en kemisk reaktion?

Jag blev faktiskt förvånad över frågan och hann undra en del om vilken nivå deras kemikunskaper låg på. Var det möjligt att de inte kunde skilja på dessa två elementära begrepp? Var det så klokt att ge kurser i naturvetenskapsämnenas didaktik utan att ställa vissa krav på fördjupade ämnesstudier för tillträde till didaktikkursen?

Ögonblicket efter drabbades jag emellertid av en "aha-upplevelse". Tänk att jag arbetat som lärare i kemi i många år utan att ha snuddat vid tanken att "kemisk förening" skulle kunna tolkas som "förening på kemisk väg", vilket faktiskt skulle kunna innebära kemisk reaktion. Allting stämde plötsligt. Mina två kursdeltagare hade genomfört ett projekt där de låtit lågstadieelever undersöka föremål/ämnen av olika slag. Eleverna hade haft till uppgift att beskriva de olika ämnenas egenskaper med sitt vardagsspråk och egna ord. De skulle också försöka beskriva föremålen i termer av deras aggregationstillstånd (fast ämne, vätska, gas etc.). I många fall använde sig barnen av uttryck som de själva konstruerat. En egenskap hos vanligt salt var t.ex. att det var "rinnigt". Praktiskt arbete i form av enkla undersökningar som redovisades skriftligt efter språklig bearbetning var tydligen en väg att använda i NO-undervisningen av lågstadiebarn.

Ship-projektet

Joan Solomon, en välkänd engelsk NO-didaktiker, önskade genomföra ett projekt där hem och föräldrar blev involverade. Eleverna fick med sig mindre laborativa uppgifter som skulle genomföras med t.ex. föräldrarnas hjälp.

Eleverna skulle skriva ned vad de deltagande familjemedlemmarna svarade eller försökte göra för att lösa ett praktiskt problem. Rapporten tillbaka till skolan kunde bli som denna:

– Mamma trodde att det måste bero på ...

– Pappa sa att så kunde det inte vara utan han sa ...

– Lillebror han tyckte som pappa.

Ett exempel på experimentell uppgift som ingick i projektet var att man skulle förutsäga om olika föremål skulle sjunka eller flyta? De deltagande medlemmarna i familjen fick gissa vad som skulle ske med en liten potatis som läggs i ett kärl med vatten. Därefter fick de förutsäga vad som skulle ske med ett stort äpple. I en kommentar blev föräldrarna tillsagda att inte försöka sig på att förklara med hjälp av ord som densitet, massa och volym. De skulle i stället uppmuntra sitt barn att i sin skriftliga rapport använda uttryck som: tung för att vara så liten, eller lätt för att vara så stor. Det handlade alltså om *att språkligt bädda för en* utveckling av elevernas förståelse. Däremot skulle man inte tidigarelägga den formella definitionen av densitet, som visat sig svår, till och med för många elever på högstadiet. Det gällde i stället att finna olika vägar till att arbeta med elevers språk kring naturvetenskapliga frågor

Tidigare, i samband med diskussionen kring det brinnande stearinljuset, har jag framfört åsikten att man med hjälp av kemins precisa och specialiserade språk ibland har möjlighet att ge en fördjupad förståelse av naturvetenskapliga fenomen.

Den fråga som ställdes av de två lågstadielärarna visar emellertid på ett annat fenomen, nämligen att kemins mest centrala begrepp "kemisk reaktion" löper risk att blandas samman med ett annat grundläggande begrepp: "kemisk förening". Konvenansen bjuder att en kemisk förening är en partikel på molekylnivå som är uppbyggd av olika grundämnen. Det är dock helt logiskt att en icke-kemist även kan tänka sig att med en kemisk förening menas det skeende som äger rum när olika grundämnen förenas sig till en ny molekyl.

Genom denna episod har jag lärt mig att tror man på sin pedagogik (att det i vissa sammanhang är lämpligt att arbeta med blandade lärargrupper), skall man stå på sig. Utan dessa kursdeltagares fråga hade den språkliga oklarheten kring kemisk reaktion och kemisk förening kvarstått.

Varför fungerar inte högstadiets NO-undervisning bättre?

Under 90-talet rapporterade ett antal skolinspektörer om sina erfarenheter från besök i grundskolan. Två av deras iakttagelser var följande: att många lärare på låg- och mellanstadiet ansåg sig sakna tillräckliga ämneskunskaper för att klara undervisningen i de naturvetenskapliga ämnena på ett bra sätt, samt att kvaliteten på undervisningen i de naturvetenskapliga ämnena varierade på högstadiet. I många fall föreföll det som undervisningen hölls på ett högt teoretiskt plan som eleverna inte förstod. Vidare framhölls det att eleverna allt för ofta inte förstod *varför* saker och ting togs upp i undervisningen. Problemet med att låg- och mellanstadielärarna själva upplevde sig ha otillräckliga ämneskunskaper var en naturlig följd av att de utbildades att undervisa i alla ämnen. Deras korta studietid – 2,5 resp. 3 år – var inte tillräckligt lång för att omfatta även längre ämnesfördjupande kurser i grundutbildningen.

På grundskolans högstadium fanns det däremot på de flesta skolor tillgång till materiel för laborativ verksamhet i NO-salar samt på de flesta skolor även tillgång till lärare med behörighet att undervisa i de naturvetenskapliga ämnena. Trots dessa materiella tillgångar var man kritisk mot hur NO-undervisningen fungerade på vissa skolor.

Varför så svaga resultat på högstadieskolor även med god tillgång på NO-lokaler och lärare?

Hur fungerar det i andra länder?

Claxton (1991) berättar om en episod då en kollega till honom bad sin tonåriga dotter att göra en jämförelse mellan den NO-undervisning hon tidigare fått i *primary school* och den hon nu fick i *secondary school*.

She said primary science was like being in a small plane flying over a vast open landscape like a desert. You could land everywhere to have a look around and explore for a while. There was a sense in which it didn't seem to matter too much where you landed because it was the exploring that was important not so much what you found. The fact that the knowledge you accumulated was patchwork and had big "holes" in it was not important. Secondary science, on the other hand, was like being on a train in carriages that had blanked-out windows. You were going in a single, about which you had no choice. The train stopped at every station and you had to get off, whether you liked it or were interested or not, and pay attention to what the train driver told you to. Then you got back on the train and went off to the next station – but because the windows were opaque you could not see the countryside in-between, so you did not know how the stations were linked or related to each other. (Claxton, 1991, s. 25)

Berättelsen vittnar om en undervisning i en engelsk *secondary school* som inte lämnar mycket utrymme för elevers egna reflektioner. Rimligtvis är det svårt för en elev att under sådana förhållanden uppfatta experimentella moment som annat än beordrade praktiska övningar med laborationsutrustning. Frågan är om inte flickans beskrivning av NO-undervisningen på olika stadier i engelsk skola passar ganska väl in på förhållandena i den svenska skolan.

De svenska skolinspektörerna menade att experimenten på högstadiet ofta genomfördes utan något egentligt motiv från elevernas sida. Experimenten genomfördes inte för att få svar på någon fråga ställd av eleverna, varför det laborativa arbetet mest måste ha uppfattats som tillhörande "rutinen" i ämnet.

En fråga som började diskuteras var följande: Hur mycket förstår eleverna av det laborativa arbetet i de naturvetenskapliga ämnena?

I det följande redovisar jag en mindre undersökning som kom till ganska spontant efter ett besök hos en ämneslärarkandidat.

Om fotosyntes och elevförståelse

Historien börjar med att en grupp elever i årskurs 7 skulle redovisa ett antal försök de genomfört med växter. En flicka hade till uppgift att påvisa att syrgas bildas vid belysning av vattenväxten Elodea. Växten placerades i en bägare med vatten och under en glastratt förlängd med ett provrör som från början var fyllt med vatten (fig. 2).

Efter några timmar hade de bubblor som strömmade upp från växten och upp i provröret bildat en cirka 2 cm hög gasbubbla i toppen av provröret. Genom att sätta tummen för provrörsmynningen och vända på det under vattenytan fick hon bubblan att glida upp och lägga sig högst upp i provröret. Hon förde sedan en glödande trästicka till mynningen av röret. Genom att hon lättade på tummen antändes den utströmmande gasen – ett tecken på att den bildade gasbubblan innehöll rikligt med syrgas. Flickan visade noga vad hon gjort och sammanfattade sin redovisning med: "… alltså har växten i vattnet bildat syrgas vid fotosyntesen och man kan se att växten hade druckit upp vattnet".

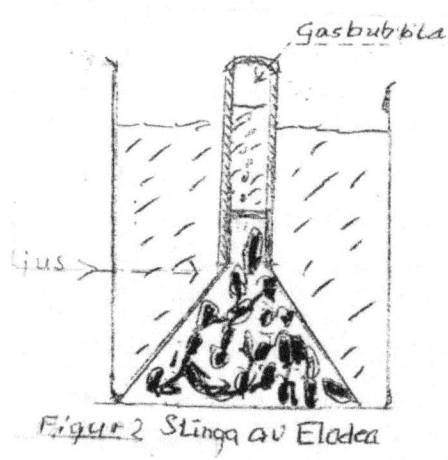

Fig. 2.

Flickans redovisning ledde fram till två slutsatser. Den ena att växten hade bildat syrgas vid fotosyntesen, "bevisades" (?) genom ett klassiskt skolexperiment som bygger på en komplicerad laboratorieuppställning som ingen av eleverna var bekant med.

Den andra slutsatsen presenterades av eleven själv som konstaterade att vattnet hade försvunnit (vattennivån hade sänkts). Eftersom denna episod ägde rum samtidigt som det var inplanerat ett handledningsbesök hos en annan lärarstudent samma dag gavs inget tillfälle till att intervjua eleven om hennes två alternativa förklaringar. Liknande undersökningar har dock visat att elever ofta använder sig av olika förklaringar beroende på sammanhanget.

Denna episod (och ett antal liknande) födde en idé att låta elever utan hjälp av lärare förklara vad ett vanligt skolexperiment egentligen visar. Förhoppningen var att få fram konkreta exempel på variationen i elevernas sätt att uppfatta undervisningsexperimentet. Med bättre kunskaper om elevers svårigheter borde lärarna ha bättre förutsättningar att utforma de laborativa momenten så att de är i nivå med elevernas kunskapsmässiga utgångsläge. Vi valde ett biologimoment, fotosyntesen, som ofta behandlas experimentellt.

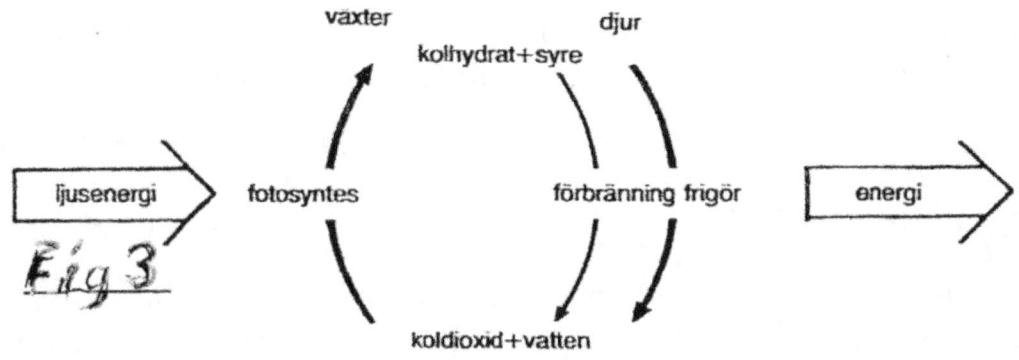

Fig. 3.

Vad är det man försöker lära eleverna om fotosyntesen?

Det man i grundskolans NO-undervisning på högstadiet försöker lära eleverna om fotosyntesen kan sammanfattas på ungefär följande sätt:

Vid fotosyntesen bildar växterna själva energirika organiska föreningar kolhydrat/stärkelse alternativt näring/mat. Vid fotosyntesen frigöres syre. Fotosyntesen kräver ljusenergi och sker med hjälp av växternas klorofyll. De organiska föreningar som bildas vid fotosyntesen användes sedan av växten till att bilda ett stort antal olika föreningar med olika funktioner (bränsle vid cellandningen, byggstenar nödvändiga vid cellernas tillväxt).

Denna sammanfattning är givetvis mycket elementär. Syftet med figur 3 är att ge den läsare som så önskar en översiktlig bild av växters energiomsättning och hur de olika förloppen är kopplade till växternas produktion och konsumtion av energirika organiska föreningar, växters egen förbränning och hur denna energiomsättning är kopplad till *produktion* respektive *konsumtion* av organiskt material i ett ekosystem.

Högstadieelevers tolkningar av ett undervisnings-experiment

Arbetsuppgiften var att genomföra en kraftigt lärarstyrd laboration. Läraren hade formulerat problemet och läraren hade också angivit metoden. För eleverna återstod att genomföra de praktiska momenten och tolka resultaten. Det vill säga formulera ett svar på frågan: *Vad undersökningen visade om fotosyntesen.*

Det praktiska utförandet

Eleverna fick två och två i ett förberedande försök praktiskt prova vad som händer när man droppar jodlösning på några olika substanser. De substanser som testades var rörsocker, koksalt och stärkelse. De fick veta att en av dessa substanser kunde påvisas med jodlösningen. Efter att ha iakttagit att bara stärkelse färgades blåsvart av jodlösningen fick de skriva ned vilket ämne det var och vidare förklara hur de kommit fram till detta. Eleverna fick därefter två blad av blomsternässla av vilket det ena kom från en växt som stått i mörker något dygn och det andra stått i kraftigt ljus under samma tid. Hur detta varit arrangerat fick eleverna se. Innan eleverna fick sina blad behandlades bladen inför klassen med kokande alkohol för att ta bort den gröna färgen. Eleverna fick arbeta tyst två och två och därefter försöka förklara resultatet individuellt.

Resultatet eleverna hade att förklara

Det blad som hade varit belyst färgades kraftigt av jodlösningen i de yttre delarna där bladet hade innehållit klorofyll. De klorofyllfria delarna förblev ofärgade. Det blad som kom från den mörklagda växten färgades svagt men ändå tydligt av jodlösningen i de delar som innehållit klorofyll (se fig. 4).

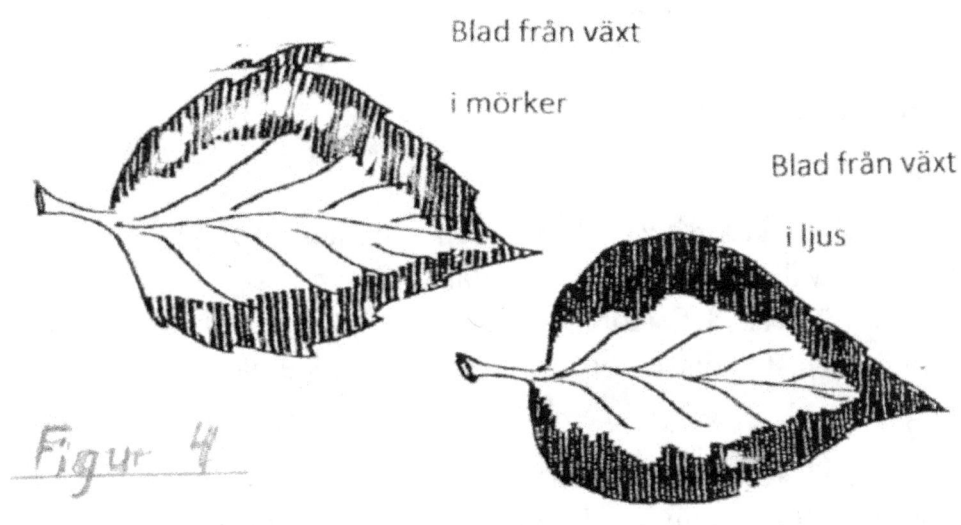

Fig. 4

Eleverna och fotosyntesen – reflektioner kring det praktiska arbetet

Syftet var alltså att testa elevernas förmåga att dra slutsatser om i vad mån stärkelse fanns i bladet och ställa det i relation till förekomst av klorofyll och om det hade någon betydelse att växten hade varit belyst om natten – en ganska krävande uppgift.

Först ska väl sägas att undersökningen genomfördes under närmast kliniska förhållanden med elever som arbetade tysta och besvarade frågorna enskilt. Vi förväntade oss en spridning av svaren bl.a. med tanke på ett antal svårigheter av teknisk natur. Eleverna fick i uppgift att arbeta med vätskor innehållande substanser som antingen behövdes för färdigställande av bladen (alkohol) eller användas som anallysinstrument (jodlösning).

Laborationen var ganska krävande för eleverna att förstå. Rent praktiskt innebar den visserligen bara att eleverna skulle koka två blad i alkohol till dess att klorofyllet lösts ut. Därefter skulle de droppa jod på de urkokta bladen och notera hur bladen färgades av reagenset. Flera svar tyder på att eleven blandat ihop jodlösningens funktion (reagens/analysinstrument) och det som reagenset skulle påvisa (förekomst av stärkelse). En del av svaren kan därför skyllas på laboratorietekniska svårigheter

Några exempel på elevsvar

FRÅGA 1.
Ett av de tre ämnena rörsocker, koksalt eller stärkelse kan påvisas med hjälp av jodlösning. Vilket? Förklara hur du tänker?

Gunnel: Stärkelse. Eftersom rörsocker och koksalt båda blir mer eller mindre gula men stärkelsen blir svart så beror det väl på det.

FRÅGA 2.
Vad visar det här försöket? Förklara hur du tänker?

Gunnel: Det blad som varit i mörker blir inte lika svart som det som varit kraftigt ljus, när man häller jod på. Det verkar som bladet som har stått i mörker redan är van vid det.

På den direkta frågan om vilket ämne som kan påvisas med en jodlösning svarar Gunnel stärkelse, men hon verkar ändå inte använda sig av det i det fortsatta arbetet. Det bör tilläggas att eleverna i årskurs 7 i samband med experimentella grupparbeten i växtfysiologi läst om fotosyntesen och vidare i årskurs 8 läst organisk kemi, ett arbetsområde under vilket stärkelse och dess påvisande med jod behandlats. Gunnels svar tyder på att hon (i likhet med andra) inte har insett att en jodlösning kan användas som påvisare av stärkelse. Gunnels svar visar att en korrekt ifylld prickad rad i början av en laborationsstencil inte utgör någon garanti för att eleven har förstått hur han/hon skall arbeta intellektuellt i fortsättningen.

Barbro: Stärkelse. Eftersom koksalt och rörsocker blir gult men inte stärkelse Att bladen från växten som varit i mörker blir ljusare av jodlösning än vad bladet från växten i ljus blir. Det är alltså stärkelse i bladet som har varit i ljus. Jag tänker att eftersom stärkelsen blir mörk av jodlösningen så måste bladet som varit i ljus innehålla stärkelse.

Barbro klarar av att hantera jodlösningen som ett analysinstrument för att påvisa förekomsten av stärkelse, men ger ingen förklaring varför det är skillnad på stärkelsemängd i de olika bladen.

Pelle: Om det är stärkelse, blir det svart, så man kan avgöra om det är stärkelse. När den som stått i solljus blir mörkare betyder det att den innehåller stärkelse. Den som stått i mörker har ej fått solljuset som innehåller stärkelse, och blir alltså inte mörk. Den som stått i mörker innehåller inte stärkelse.

Pelles uppfattning att solljuset innehåller stärkelse förekommer även hos andra elever t.ex. **Bosse** som avger följande förklaring: "Att det blad som stått i ljus har fått (tagit åt sig näring från solljuset) stärkelse i sig *bladet tar näring (stärkelse) från solen*" (kursivering gjord av Bosse). Uppfattningen att solljuset skulle innehålla stärkelse kan nog förvåna en lärare i naturvetenskapliga ämnen. Elevernas uppfattning av stärkelsens natur ter sig kanske som något mindre märklig om man tänker på hur t.ex. undervisning ofta går till. Hur ofta utgår man inte från ett provrörsexperiment under vilket en synlig förändring noteras, som sedan förklaras med en på svarta tavlan synlig men i provröret definitivt inte synlig modell? Vad är det då som säger eleven att ljusstrålar inte kan innehålla stärkelse bara därför att man inte kan iaktta ämnet?

Anneli: Stärkelse. Jodlösningen ändrade färg. Vilket den inte gjorde i rörsockret och koksalten. Att det bladet som fått stå i ljus tydligen har mera klorofyll i sig och drar åt sig mer jod eller alkohol? Men jag vet inte riktigt. Det finns mer stärkelse i den växten som stått i ljus.

Hennes svar är intressant. Dels drar hon slutsatsen att det finns mer stärkelse i den belysta växten men skriver ingenting om orsaken, dels antyder svaret att hon tankemässigt arbetar även efter hypotesen att resultatet kan bero på olika mängder klorofyll och olika förmåga till uppsugning av jodlösning, alternativt av alkohol. Hennes fundering över mängden klorofyll är mycket rimlig, eftersom växter som befinner sig i mörker gulnar på ett högst påtagligt sätt efter ett antal dagar. Exemplet visar hur elever kan ställas inför svårigheter att dra slutsatser av ett experiment därför att de inte har klart för sig vilka variabler läraren medvetet eller omedvetet har bortsett ifrån.

Gunilla: Stärkelse. Den svartfärgas av jodlösningen medans rörsocker och koksalt gulfärgas. Den gröna färgen på bladet innehåller stärkelse och litet av stärkelsen har försvunnit när den ena blomman har stått i mörker. Det som var grönt på bladen mörkfärgades och det som saknade färg ljusfärgas. För att kunna diskutera hennes svar måste jag något gå in på växters energiomsättning och vilka överväganden som brukar göras när detta skall presenteras för eleverna. När Gunilla säger att *litet av stärkelsen har försvunnit när den ena blomman har stått i mörker* har hon nämligen gjort en iakttagelse kring den process som man ofta väljer att *inte* ta upp med grundskoleelever. Hon har uppmärksammat resultatet av växternas egen konsumtion ... Syftet med skolans budskap till eleven (vid ett fotosyntesförsök) är att växten i ljus tydligen har bildat stärkelse i sina gröna delar. Problemet är att visa elever uppfattar det som att stärkelsen har tydligen försvunnit i växten när den stod i mörker.

Barn vet förmodligen mycket väl att växter kräver ljus. Om de då får till uppgift att experimentellt jämföra en växt som stått i mörker med en som stått i ljus, ter sig Gunillas sätt att jämföra naturligt. För den utbildade biologiläraren med vana att göra experimentella jämförelser kan den motsatta jämförelsen vara lika naturlig. Om man med ett experiment vill visa att fotosyntesen kräver ljus har man ofta ett kontrollprov i vilket ljuset är uteslutet. Gunilla sätt att jämföra resultatet utgår från ett vardagligt tänkande. För naturvetaren ligger det nära till hands att göra jämförelsen utifrån sin erfarenhet av kontrollerade försök och utifrån det han känner till nämligen fotosyntesens beroende av ljus.

Fig. 5.

Elevernas förslag till tolkning av fotosyntesexperimentet – en sammanfattning

Vi kunde konstatera att flertalet elever observerade att de klorofyllhaltiga delarna av den belysta växten innehöll stärkelse.

En elev ansåg att ljusbladets högre mängd av stärkelse berodde på att det innehöll mer klorofyll – ett förslag som är tänkbart men som vi inte hade väntat oss. Vi lärare överaskades av detta tänkvärda förslag.

Ett annat förslag var att ljusbladet sög upp mera jod och att detta påverkade färgutslaget.

Intressant är Gunillas förklaring att lite *av stärkelsen har försvunnit när den ena blomman har stått i mörker.* Hon utgår i sin förklaring ifrån ett vardagligt tillstånd nämligen att växter kräver ljus. Det intressanta är allså i detta fall vad som hänt med växten som placerats i mörker. Däremot innehåller hennes svar ingenting om fotosyntes och stärkelsebildning.

Ett svar som var helt oväntat var *att solljuset innehåller stärkelse.* En uppfattning som kan förvåna en naturvetare som vant sig vid att skilja ut och avvisa naturvetenskapligt icke korrekta resonemang. Det var två elever som byggde sina resonemang på detta antagande. Här inställer sig dock en fråga: Är dessa elevers utsagor om solljus och stärkelse ett uttryck för en fast övertygelse, eller är det den konstlade klassrumsmiljön – i vilken de skulle arbeta under tystnad – som påverkat dem att "sy ihop" en förklaring. En förklaring som tillkommit inspirerad och med stöd av de termer som presenterats för dem? Deras svar skulle alltså kunna förklaras med att eleverna anpassat sitt språk och sina förklaringar till den specifika testsituationen (jfr. kritik av Säljö, 1995).

Vad förklarar fotosyntesen om en "vanlig" potatis?

Efter det att eleverna genomförde det praktiska testet fick de besvara några frågor skriftligt. Frågorna syftade till att se huruvida deras svar om fotosyntesen harmonierade med deras uppfattning av vad som sker vid potatisodling, där människan i sin dagliga praktik utnyttjar och skördar stärkelse producerad med hjälp av fotosyntesen.
Frågan: Hur kunde en sättpotatis på ca 75 g resultera i ett antal potatisar innehållande ca 400 g stärkelse. Var kommer all stärkelse ifrån?

På den vänstra bilden ser du hur en bonde sätter potatis på våren.
På den högra ser man bonden med en planta som givit ett flertal potatisar.

I ett fall startade han med en sättpotatis som vägde 75 gram. Det mesta av en potatis består av stärkelse. Från denna potatis växte det upp en planta som fick stå till dess att den skördades på hösten.
När plantan grävdes upp visade det sig att den givit 8 potatisar, som vägde 400 gram tillsammans.
Av c:a 75 gram stärkelse (i sättpotatisen) hade bonden fått fram c:a 400 gram stärkelse (i de 8 potatisarna).
Hur kan detta vara möjligt?   Förklara: Därför att dessa växter fortplantar sig på så sätt. Som vanligt. Och eftersom det blir fler potatis så måste ju stärkelse induagan också öka. Varför frågar du om naturens egna gång? Kan du svara på den själv.

Fig. 6.

Exempel på elevsvar – potatisfrågan

Av de elever som klarade av att att ge rimliga förklaringar till experimentet med jod som indikator på förekomsten av stärkelse var det flera som i det efterföljande papper-och-penna-testet ansåg att den ökade stärkelsemängden berodde på att stärkelse som bildats i bladen lagrats i potatisens underjordiska delar

Andra ansåg att den ökade stärkelsemängden berodde på att stärkelsen = näringen sugits upp från jorden.

En elev svarade att jod i jorden framkallar stärkelse

Diskussion

Samtidigt som flera elever klarade att ge rimliga förklaringar till experimentet kring växtens innehåll av stärkelse fanns det flera elever som i papper-och-penna-testet ansåg att den ökade stärkelsemängden berodde på att stärkelse = näring sugits upp från jorden. Detta kan nog tillskrivas vår *inkonsekventa* användning av ordet näring i vårt vardagliga språk. Det är inte ovanligt att man säger att växterna själva tillverkar sin *näring* (t.ex. kolhydrater) för att i nästa sekund tala om att gödsla med *näringsrik* jord eller med preparat *som är speciellt näringsrika. Då syftar man på mineralsalte*r eller oorganiska *närsalter* Här är det fråga om språkliga oklarheter som lätt kan leda till missupfattningar.

Potatisfrågan vållade en viss uppståndelse. En elev svarade:

Därför att dessa växter fortplantar sig på så sätt. Som vanligt. Och eftersom det blir fler potatisar så måste ju stärkelsemängden också öka. Varför frågar du om naturens egen gång? Kan du svara på den själv?

Varför svarar eleven på detta sätt? Det vet vi inte eftersom vi inte intervjuade eleverna. Kanske är detta svar ett uttryck för samma fenomen som diskuterades med anledning av de slutsatser som drogs i samband med NuNautvärderingen (Den Nationella Utvärderingen av grundskolans naturorienterande ämnen) nämligen: Eleven ställs inför ett problem som är formulerat med vardagliga ord och han förväntas besvara det med en förklaring där han utnyttjar naturvetenskapens sätt att förklara och tvingas därför att byta "språklig genre". Något som eleven borde ha informerats om. (T.ex. genom att han uppmanats att svara "som kemist" eller med sina NO-kunskaper). I potatisfrågan har han i själva verket en fullt giltig förklaring nämligen att: *dessa växter fortplantar sig på så sätt som vanligt och eftersom det blir fler potatisar så måste ju stärkelsemängden också öka.*

När han refererar till naturens egen gång gör han det helt logiskt och fullföljer resonemanget i samma språkliga genre som han använde i början av svaret. Det innebar visserligen att min potatisfråga missade målet. Dock tror jag att jag denna erfarenhet lärt mig en del om svårigheterna med kvalitativ analys.

Potatisfrågan får bli ett exempel på ett sätt att uttrycka sig som går stick i stäv mot det som Aikenhead (1996) argumenterar för, nämligen en naturvetenskaplig undervisning som tydliggör *gränsöverskridandet* mellan de vardagliga sammanhangen och en mer formell skolkontext.

Kommentar: så kan det gå!

Tyvärr har en del av mina anteckningar från ovanstående projekt försvunnit. Arbetet redovisades bl.a. som ett kortare specialarbete under en grundkurs i pedagogik. Det ingår också i materialet till ett bidrag i *Fackdidaktik* med Ference Marton som redaktör. Efter att ha gått igenom det material som jag har haft tillgång till har jag tillåtit mig att se på arbetet med nya ögon bl.a. i resonemanget om *"språkliga genrer"*. Exempel på *alternativa tolkningar* bör i denna undersökning förstås också mot bakgrund av ett antal faktorer som hänger samman med oklar terminologi ("näring"), ovanlig uppläggning i form av laborativa test med komplicerad analysgång och okända spelregler (hur skulle testet bedömas).

Icke desto mindre anser jag att *elevernas svar på testen* (av deras förmåga att dra slutsatser om i vad mån stärkelse fanns i bladet och ställa det i relation till förekomst av klorofyll och om det hade någon betydelse att växten hade varit belyst om natten) *gav flera exempel på mycket kvalificerade resonemang.* Elevsvar om stärkelsens eventuella förekomst i solljus var ju så oväntade att de kan ge anledning till funderingar kring hur mycket vi naturvetare tar för givet vad gäller naturvetenskaplig allmänbildning.

Projektet kan kanske ses som ett barn av sin tid och skvallrar om hur det var när man tog de första stegen att utveckla lärarutbildningens forskningsanknytning. Vem skulle handleda alla spridda försök. Jag ser framför mig min dåvarande lärare i pedagogik, Sven Hartman, då han med en trött blick ut mot seminariegruppen annonserade att: nu har vi bara "grabben med potatisblasten" kvar.

Några problem för NO-didaktiken att beakta – ett första försök till summering

Det kan i dag tyckas nästan självklart att skolans naturvetenskapliga undervisning skall vara sådan att frågorna som behandlas upplevs som relevanta för eleverna. Däremot kan jag från min egen lärarutbildning på 60-talet inte minnas någon djupare diskussion om vilka principer som borde gälla när innehållet i en kurs skulle bestämmas. På samma sätt var det med "varför"-frågan som var ännu viktigare att tänka igenom. Elevernas klassiska "varför läser vi det här", förtjänar att bemötas med genomtänkta svar och synpunkter. Även om enskilda lärare tog upp och diskuterade liknande frågor blev de troligen inte problematiserade i någon högre grad förrän man började diskutera undervisningsinnehåll enligt Roberts och Östmans taxonomi. Både när det gällde frågor om undervisningsinnehåll och bedömning av svårighetsgraden av ett visst teoretiskt innehåll verkade man vid den tiden stödja sig *på beprövad erfarenhet.*

Några huvudområden inom det dåvarande NO-didaktiska forskningsfältet

I kapitel 2 har jag kortfattat redogjort för det ökande intresset bland lärarna i matematik och naturvetenskap för den forskning kring elevers lärande, som utvecklades vid universitetet i Göteborg, med fokus på matematik och naturvetenskap. Bakgrunden till att nedanstående karta blev till var att Lärarhögskolan i Stockholm skulle ansvara för programmet för årets konferens för lärarutbildarna i naturvetenskap. Eftersom gruppen kring Björn Andersson i Göteborg redan var fullt upptagen med att redovisa hur det nya betygsystemet var tänkt att fungera vore det ju bra om någon från Stockholm hade något att säga – sas det. Resultatet blev ett försök att göra en översikt av pågående NO-didaktisk forskning. I min figur (7) nedan, som närmast kan ses som ett historiskt dokument, har jag angivit tre huvudområden som då var aktuella för forskning: *Elevperspektivet i vid mening, Arbetssättet och Innehållsfrågor.*

Från elevperspektivet i vid mening leder ett stråk till *elevers förståelse* som i sin tur kan undersökas vad gäller *Elevers sätt att tänka,* eller beskrivas i form av *innehållet i elevernas tänkande.* När det gäller att beskriva innehållet i elevernas tänkande har många undersökningar kommit fram till att elevers förklaringar ofta präglas av deras vardagsförståelse som i många fall skiljer sig från skolans budskap och som kan försätta den lärande i bryderi (kognitiv konflikt).

En stor del av den NO-didaktiska forskningen dominerades länge av studier av elevers förståelse av naturvetenskapliga förklaringar. Forskningsfältet har breddats och fördjupats efter påverkan av det s.k. sociokulturella perspektiv som bl.a. har tagit upp och visat på språkets betydelse som socialt redskap för inlärning. Denna karta var ett första försök att göra en översikt av NO-forskningen och är i dagens läge av naturliga skäl ofullständig. Dagens NO-didaktik handlar mycket om språk. Man kan notera dock att under rubriken *Lärandets sociala och situationella sammanhang* skymtar en antydan om nya tankar om lärandet.

Exempel på NO-didaktiska frågor

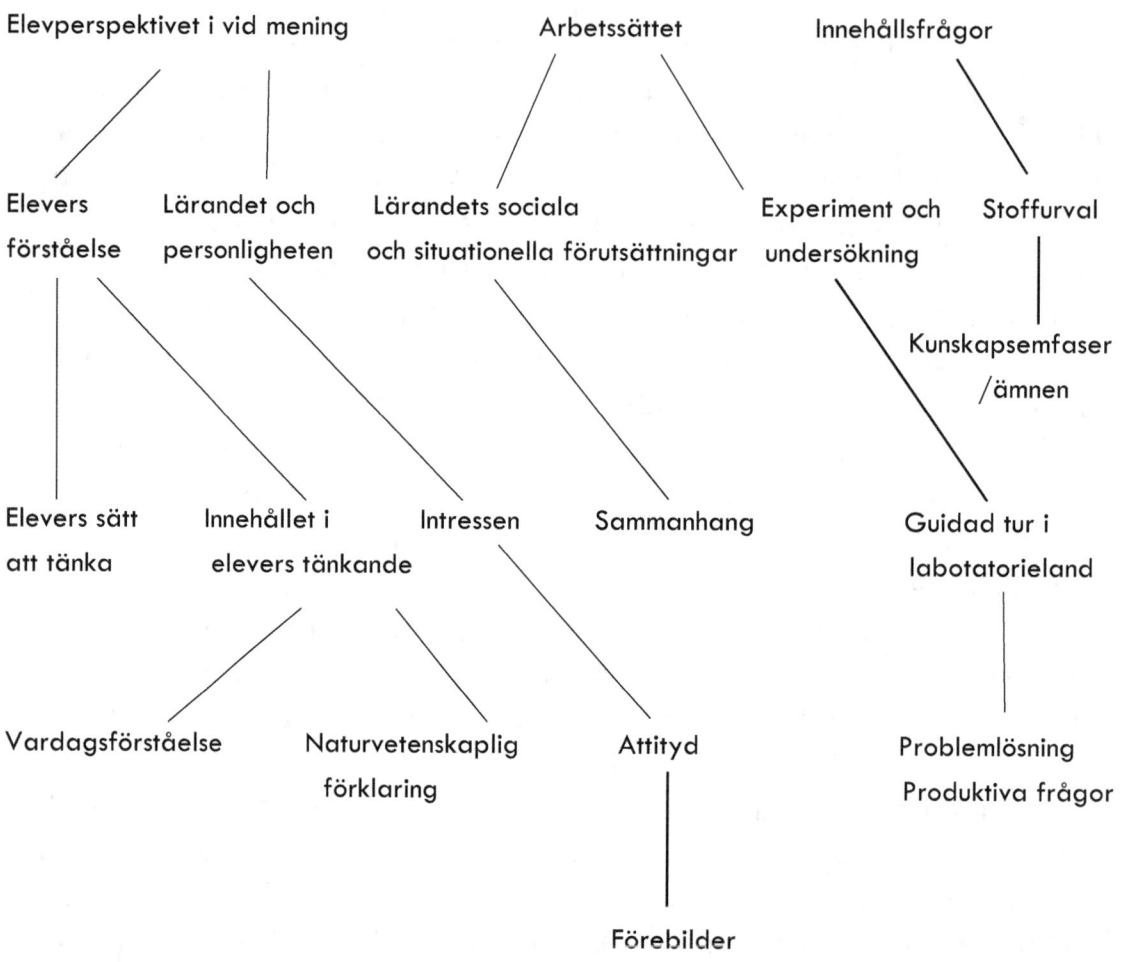

Figur 7. Några huvudområden inom det NO-didaktiska forskningsfältet. (Pedersen 1994, Bidrag vid forskarsymposiet: *Vem vill bli naturvetare*. Stockholms sommar-universitet augusti 1994).

Försöker man att placera in de individer som intervjuades finner vi att Birgitta (14 år) hamnar högt uppe till höger i området för "Innehållsfrågor".

Eleverna som deltog i försöket kring fotosyntesen placeras vid "Experiment och undersökningar" men också i spänningsfältet mellan "Vardagsförståelse" och "Naturvetenskaplig förklaring", där även Lasse med sitt bryderi om vatten placeras.

KAPITEL 3

Om min egen lärarutbildning och första skoltjänst

Tre terminer vid Lärarhögskolan i Stockholm – möte med ämnesmetodiker och deras pedagogiska teser

Under mina 3 terminer som lärarkandidat vid Lärarhögskolan mötte jag två metodiklärare i ämnesmetodik, Bertil Borén i kemi och Sven Thore i biologi, två mycket skickliga lärare uppskattade av studenterna. De arbetade var och en på sitt sätt. Deras undervisning var därför komplementär för den lärarkandidat som hade metodik i både kemi och biologi. En tes som framfördes av vår metodiklärare i kemi var denna: För kemiundervisning gäller *experimentet i centrum*. Jag minns hur imponerad jag blev av hans förmåga att med hjälp av enkla frågor utnyttja experimentet för att lära ut kemi. Han betonade betydelsen av att anpassa undervisningen till elevernas nivå. Vid den tiden visste man dock i Sverige inte så mycket om den forskning som påbörjats bl.a. i England om elevers förståelse av naturvetenskapliga begrepp.

Att anpassa sig till elevers nivå innebar för lärarkandidater något man försökte gissa sig till innan man kunde förlita sig på "beprövad erfarenhet". Boréns tes om "experimentet i centrum" kan möjligen framstå som något snäv, men jag har anledning att återkomma till den, eftersom jag under en period i början av min första lärartjänst var mycket hjälpt av den.

Frågor kring undervisningens innehåll och relevans samt ämnesstoffets begriplighet är alltså inte några nya frågor. Däremot tror jag att de senaste decenniernas didaktiska forskning har bidragit till att utveckla lärarnas yrkesspråk och därmed kunnat tydliggöra eventuella problem, bl.a. genom att sätta namn på saker och ting som tidigare funnits som "tyst kunskap" bland lärarna.

Vår lärare i biologimetodik, Sven Thore, hade också ett budskap till de blivande lärarna: De skulle *läsa tjocka böcker* och se till att *komma till tals med eleverna!*

Min tolkning av detta något dunkla budskap är att man som lärare ständigt måste följa med i facklitteraturen. Samtidigt menade han att det var viktigt att en lärare hade förmågan att plocka fram det väsentliga i det man undervisade om och klarade av att skala av *onödigt akademiskt fikonspråk.* Sysslade man med de högre växternas fortplantning var det kanske bättre för elevernas förståelse av elementär genetik att känna till att ett litet växtembryo faktiskt var resultatet av en befruktad äggcell än att till leda "traggla" med att jämföra generationsväxlingen hos fanerogamer. Det lilla embryot skulle alltså (hör och häpna!) kunna betraktas som ett litet *växtbarn.* Att plocka fram det väsentliga och beskriva det med vanliga ord var en väg att *komma till tals med eleverna.*

"Att komma till tals" innebar alltså något mer än att bara samtala med eleverna. Det finns en positiv klang i uttrycket om något som kanske skulle leda vidare – en positiv utveckling mot ömsesidig tillit och respekt.

Sven Thore var en typisk estradör när han undervisade och visste mycket väl var han hade sin publik, som han älskade att utmana och även chockera. När jag hörde honom kom jag ofta att tänka på den danske humoristen Victor Borge som han liknade både utseendemässigt och i kroppsspråk. När han föreläste var han ofta ganska raljant, vilket gjorde att han ibland fick kolleger emot sig. Bland kollegerna på Lärarhögskolan var det väl bara en person som direkt gav svar på tal när han sa något spydigt om t.ex. "lilla mänskan" och det var "lilla mänskan" själv, Salme Gjärdman, en enastående duktig lärare i kemi och biologi. I själva verket gillade Sven Thore att bli emotsagd men blev det alltför sällan.

Under första terminen skulle vi ämneslärarkandidater genomföra ett antal övningslektioner som sedan skulle diskuteras med praktikhandledare och ibland även med vår metodiklärare. Vi hade stor respekt för dessa "läreriets hövdingar" och var naturligtvis ordentligt nervösa inför premiärföreställningen. Av min praktikhandledare i kemi hade jag tilldelats att göra experiment med metallen natrium. Jag tror att vi under ett metodikpass hade diskuterat uppläggningen av ett likande experiment och visste därför ganska väl vad jag skulle göra.

Bertil Borén kom en av de första dagarna under första praktikperioden och hans kritik var konstruktiv och glasklar. Man kände att han hade viktiga synpunkter. Han var mycket vänlig och det var ett mycket trevligt möte *som gav* det man allra mest behövde nämligen *självförtroende att fortsätta lärarutbildningen.*

Jag var mer nervös inför mötet med Sven Thore. Första gången jag skulle undervisa satt han med ett litet ironiskt leende högst uppe i en gradängsal och putsade sin monokel. Det gick väl ganska bra tyckte jag själv. Klassen läste för tillfället en kurs i växtfysiologi och jag skulle ha en genomgång av elementär marklära (knappast ett ämnesområde som framkallade jubel bland elever i en klass med 16-åringar). Efter lektionen när jag vinglade ned på en stol för att få min dom förde han en vänlig konversation samtidigt som han beklagade att han inte kunde hitta någon askkopp. Så började han höra sig för var jag hade hittat uppslag till figurer som jag ritat och diskuterat kring. Han frågade om jag lärt mig resonemangen på Wenner-Grens institut där jag hade gått och tagit den tidens licentiatexamen. Det var inte från detta arbete jag hade fått uppslagen till mina figurer. De kom ifrån Stålfeldts bok i *Växtekologi*. Det var en mastig bok som Sven Thore uppenbarligen bedömde som tillräckligt tjock. Så tittade han på mig och sa: "Det var mycket intressant det du berättade för barnen, mycket intressant." Och tillade med mild röst: "Tror du att de förstod något?"

Han hade givetvis synpunkter på vilken nivå som var lämplig att ligga på under en lektion med årskurs 1 i gymnasiet, men uppskattade ändå mina försök att intressera "barnen" för lerkolloidernas jonbytareffekt, något som inte stod att läsa om i den tidens läroböcker. Sven Thore var ganska snäll i sin kritik samtidigt som han var tydlig.

Efter dessa första handledningssamtal tedde sig lärarutbildning rent av som lockande. Efter tre terminer med Sven Thore, Bertil Borén och Olle Moll (kemilektor under tredje terminen) hade jag genomgått ämneslärarutbildningen och lärt mig mycket om undervisningen i kemi och biologi. De mer allmänt pedagogiska inslagen i utbildningen hade väl inte funnit sin plats och det var med en viss oro jag såg fram mot första tjänstgöringen.

För att sammanfatta tre terminer vid ämneslärarlinjen: Betydelsen av en genomtänkt experimentell undervisning i kemi: att läsa tjocka böcker (i biologi) och komma till tals med eleverna (gällde alla ämnen). Beväpnad med ett antal akademiska betyg och en licentiatexamen i zoologi gick jag att möta skolverkligheten.

Den första skoltjänsten

Efter att ha gått igenom lärarhögskolan sökte jag och fick tjänst som lärare i kemi och biologi vid en skola som omfattade grundskolans högstadium och gymnasium. Skolan hade året innan varit inne i en turbulent period. Rektor hade slutat och ersatts med en av de ordinarie lärarna som styrde skolan med mycket fast hand. Han tillät t.ex. inte att eleverna fick vänta på sin lärare när skolklockan ringde för andra gången efter en rast. Då skulle eleverna vara på plats inne i klassrummet. Den regeln hade jag hört talas om, och vidare att rektor personligen gick runt i skolan och kontrollerade att den efterlevdes.

 Min första lektion på skolan innebar att jag skulle möta en klass mycket skoltrötta elever med s.k. teknisk-praktisk inriktning. En klass känd för att kunna vara ganska stökig och som spred en viss skräck på skolan. Jag hade precis hunnit släppa in eleverna för att presentera mig när dörren låstes upp och vår magnifike rektor skred in och kyligt underrättade mig om att dörrens lås skulle var uppställt så att dörren var olåst under lektion. Det var givetvis en viktig detalj ur säkerhetssynpunkt. Det tråkiga var att jag, innan jag hunnit yttra ett enda ord, ändå hunnit få en tillrättavisning öppet inför en orolig klass. Det var en tråkig början för en nyanställd lärare. Som sådan hade jag dock inte tid att grunna allt för mycket över vad som hänt eftersom jag efter en kort rast skulle möta en ny klass. Denna gång med den stängda dörren olåst.

På denna skola arbetade jag 5 år och undervisade både på grundskolans högstadium och på gymnasiet. Merparten av lärarna var ämneslärare som undervisade i de ämnen de hade utbildats för. Att arbeta på denna skola innebar för många lärare undervisning i många klasser med lågt veckotimtal i varje klass. Att börja arbeta vid en skola innebär därför i många fall att man startar med ett stort antal klasser som sinsemellan kan visa sig fungera olika. Skillnader som hänger samman med klassernas "tidigare historia". För mig gällde det att på kort tid försöka komma till tals med ca 200 elever. De yngsta var nyintagna 7:or och de äldsta gick i gymnasiets avgångsklass.

Gamla tiders studentexamen

När jag startade mitt första år på skolan hade jag alltså schemalagts i 9 klasser med undervisning i 7 olika kurser, varav en biologikurs gällde en studentklass. Det var förenat med ett stort ansvar att undervisa en studentklass. Dessa elever examinerades enligt det gamla systemet för studentexamen. Det fanns alltid en viss risk att någon elev misslyckades i "muntan", oväntat fick underkänt i ett ämne och saknade den "kompensation" i andra ämnen som krävdes för att väga upp hans underkända muntliga examination. Resultatet blev då att eleven underkändes. En tragedi för alla inblandade parter.

Ur min studentklass blev fyra elever uttagna att "komma upp muntligt" i biologi. Den undervisande läraren fick veta någon dag i förväg vilket ämnesområde som eleverna skulle förhöras på. Läraren fick absolut inte avslöja ämnesområdet för sina elever. Läraren ledde förhöret som dock kunde övertas av censorn som hade befogenhet att godkänna eller underkänna. Det var en viktig uppgift för den undervisande läraren att lägga upp förhöret så att de nervösa eleverna förstod censorns frågor.

Mina elever skulle förhöras på "mikroorganismer". Det var en smula prekär situation i och med att den termen inte fanns omnämnd i den lärobok som vi använde. Själv hade jag under utbildningen aldrig använt termen och än mindre under min grundutbildning sysslat med bakterier. Jag fick snabbläsa i ett antal böcker och förbereda mina frågor så att mina elever inte snubblade och föll på att de inte förstod en term som började användas mer och mer bland biologer. Det handlade alltså om att komma väl förberedd till "fighten" samtidigt som man hade till uppgift att bidra till att det muntliga förhöret blev en trevlig höjdpunkt för elevernas skoltid. Examinator var en professor från Lund som hade synpunkter på min betygsskala. Den bestämde emellertid jag över och allt slutade väl.

Möte med livserfarna kolleger

Att under denna period hinna med att läsa in sig på 7 olika kurser var nästan omöjligt. Det handlade mycket om att överleva som lärare. Det gjorde jag mycket tack vare många samtal med en kollega som efter ett antal år på sjön och arbete som telegrafist på ubåt under kriget hade sina erfarenheter och modeller för att tämja de allra oroligaste eleverna. När han t.ex. såg tendenser till mobbning kunde han säga ungefär så här: "Jag ser nog vad som är på gång men det imponerar inte på mig. Jag har varit med om mycket värre saker och om ni vill så kan jag berätta lite om hur det gick till i flottan". Han förklarade hur en *af Chapmannare* utfördes och hur ohyggligt ont den gjorde. Ingen högre pedagogisk potentat skulle väl rekommendera min kollegas tolkning av läroplanen – ingen annan än möjligen den pensionerade rektor som anlitats speciellt för att sätta litet hyfs på grabbarna i en speciellt orolig klass 9Tp (tekniskt-praktisk klass). Han tog med sig grabbarna ned till Råcksta krematorium för att de skulle lära sig lite om döden medan de fortfarande var i livet.

Det hade kommit på min lott att ha biologi i denna klass (9Tp) som verkade vara helt ointresserad av det mesta. Jag hade inte den livserfarenhet som krävdes för att fånga dessa elever med historier hur det var i flottan under 2:a världskriget, eller genom att diskutera frågor kring liv och död. Mina försök att intressera dem med hjälp av små försök och experiment fungerade inte. Allting var bara tråkigt. Till slut fick jag av en händelse uppslag till hur jag kunde få dem något mer intresserade nämligen genom att berätta om "fallbeskrivningar" som jag läst i *Svensk Läkartidning*. De kunde handla om olycksfall som någon råkat ut för, vilken behandling patienten genomgått och hur man försökt på lång sikt försökt hjälpa dessa människor. Det verkade som historier "ur riktiga livet" (gärna lite blodiga och med beskrivningar av svåra komplikationer) berörde dessa annars så uttråkade grabbar.

Det är ingen tvekan om vad som var det tyngsta i arbetet som nyutexaminerad lärare. Det var att finna uppslag till undervisning i de verkligt stökiga klasserna. Till min förvåning var grabbarna i 9Tp inte särskilt praktiska när det gällde biologiexperiment. Hade man däremot något intressant att berätta så kunde man få ett positivt gensvar.

Med klassens benägna hjälp – praktikchocken som kom bort

När jag började min första termin vid skolan startade jag alltså med ett stort antal för mig helt främmande elever som det tog tid att lära känna. Bland dessa klasser var det speciellt en klass, 9G3, som jag verkligen kom till tals med. Att som ung lärare få ta emot en klass i årskurs 9 fylld av positiva och vetgiriga elever som det fullständigt sprudlade om. Det var som en dröm. "Det bara sa klick!" Jag kände mig oerhört gynnad att vara den lärare som fått chansen att *förklara världen* genom att ge dem grundkunskaper i *kemi*. (Det låter larvigt men det får ändå stå kvar – det var nämligen så det kändes). Eleverna var så positiva och så nyfikna att de helt enkelt tvingade mig att ge allt jag kunde ge. Bland annat innebar det att lägga ned mycket tid på noggranna förberedelser i kemi. Förberedelserna för 9G3 kom sedan de andra klasserna till godo. Men det är ingen tvekan att det var 9G3 som drev på hela tiden.

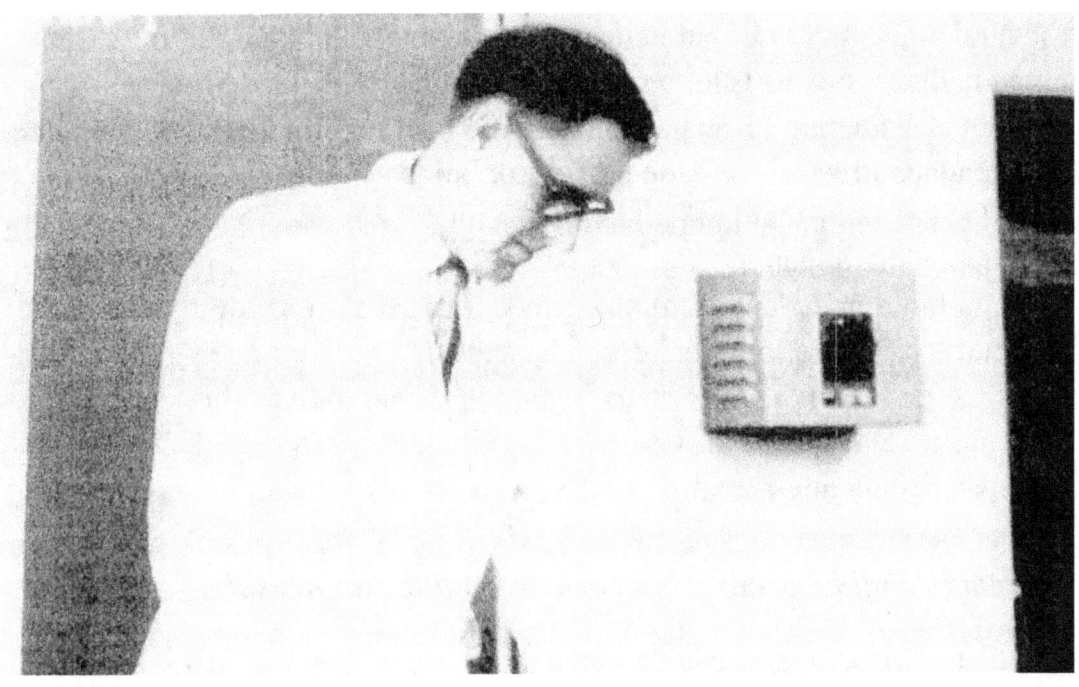

Figur Experimentet i centrum, varför det ?

För en del utgör bilden mest ett minne av meningslösa laboratorieuppgifter, för andra visar den på ett exempel där elev och lärare är inne i ett äkta samspel.

Grundskolans kurser i kemi hade en egendomlig uppläggning i en del läromedel. I årskurs 8 hade man vardagsanknuten allmänt orienterande kemi som skulle presenteras utan kemiska formler. Hur den sedan skulle vara grundläggande för kemiundervisningen var det svårt att inse. Kursen i kemi för årskurs 9 innebar därför en omstart i vilken man började med atomer, grundämnen och kemiska föreningar. När jag övertog klassen i åk 9 kunde jag med gott samvete göra en omstart med syfte att bringa lite ordning i deras kemikunskaper, reaktioner osv. Man följde i stort en klassisk uppläggning. Det fanns goda möjligheter till att arbeta med "experimentet i centrum". Klassen och jag trivdes. Hade vi roligt åt samma sak? Ja, jag tror det. Kan det ha haft med deras ålder att göra? Barn som håller på att bli vuxna. Kan man i ett sammanhang som detta tala om "personkemi" mellan en vuxen och en klass?

Eleverna i åk 9 befinner sig i en spännande ålder som kan föra med sig givande diskussioner. Eller var allt bara ett önsketänk-ande från min sida att eleverna gillade mig? Kanske det hade med deras förhållande till sin klassföreståndare att göra. De hade haft någon mindre kontrovers med honom. Än i dag kan jag frammana bilden av 25 ivrigt viftande 15–16 åringar som ivrigt ville "ha frågan".

I alla fall upplevde jag timmarna med klassen som något mycket positivt, och mötte jag eleverna i korridoren hälsade de alltid antingen glatt och frimodigt eller lite blygt. Undervisningen i 9G3 kan närmast beskrivas som en "livlina" att ta till när man visste att man i andra klasser snart skulle möta lite mer hårdhudade elever.

Liten utflykt till laboratorieland och sedan tillbaka till skolan

I slutet av läsåret svarade jag på en annons om en tjänst som 1:e kemist på Rättskemiska laboratoriet. Jag fick inte den tjänsten men däremot en likvärdig som inrättades för mig. Tanken var att den som fick tjänsten skulle kunna disputera i enzymkemi. Jag började mitt nya arbete när skolåret slutade. I början på höstterminen utbröt en strejk bland lärarna. Konflikten togs upp bl.a. av TV och de rikstäckande tidningarna. I en av tidningarna såg jag foton av skolelever, *mina gamla elever*, som utan sina lärare försökte läsa på egen hand. Det var nog en ohållbar situation. Det var tillräckligt för att jag skulle ringa min f.d. rektor på skolan och fråga om han trodde att det fanns möjlighet för mig att komma tillbaka när strejken väl var över. Han svarade att jag var välkommen så fort som min chef på rättskemiska tillät. Efter några veckor var jag tillbaka och hade bestämt mig för att försöka bli lärare igen. Jag hade verkligen saknat eleverna.

Det var första gången jag drabbades av den saknad som det ofta innebär att skiljas från elever. Att skiljas från elevgrupper innebär ofta ett sorgearbete som man får lära sig att hantera.

Ett minnesrikt år med klass 9H

Det var mitt femte läsår på skolan och jag hade ungefär halva tjänsten på grundskolans högstadium och halva på gymnasiet. Jag trivdes. Bland annat undervisade jag en klass 9H i kemi. Det var en s.k. negativt gallrad klass och de flesta eleverna var inte särskilt studiemotiverade. De var trötta på skolan. Som klassföreståndare hade de fått en medelålders kvinnlig språklärare som troligen inte var van att hantera stökiga elever. Det dröjde inte länge förrän det uppstod bråk i klassen och rektor kallade undervisande lärare till konferens.

Det är inte ovanligt att en och samma klass uppför sig på olika sätt mot olika lärare. Det kan vara knepigt att diskutera om den lärare som har problem med eleverna tvekar att ta upp en diskussion av rädsla för att stämplas som mindre kompetent. Mitt intryck var att de flesta lärarna höll eventuella problem för sig själva.

Å andra sidan förekom det att lärare genom att berätta hur trevlig en klass brukar vara indirekt lyckas framhålla sin egen förmåga att hantera klassen. Jag minns inte så mycket av sammanträdet om 9 H, annat än att jag när jag blev tillfrågad yttrade mig positivt om klassen. Eftersom jag inte utsetts till klassföreståndare utan till lärare i kemi, innebar det att jag bara såg eleverna under 1–2 lektioner i veckan. När jag nu hade sagt några positiva saker om eleverna fick jag omedelbart överta klassföreståndarskapet. Ett problem hade klassen i kemi. Bytet av klassföreståndarskapet gick smärtfritt och eleverna höll sig lugna. Undervisningen i kemi nådde inga höjder pedagogiskt sett. Eleverna hade knappast några förkunskaper i ämnet. De var i regel trötta på skolan och jag hade som deras klassföreståndare mycket svårt att få tiden att räcka till.

Det fick bli en nödlösning. Eleverna fick varje vecka en kort läxa, i regel i form av ett antal frågor som skulle besvaras och som de blev förhörda på. Som lärare vann jag på detta system genom att eleverna *själva upplevde att de lyckades med något* och fick poäng för sina prestationer. Jag vann lite lektionstid varje vecka då jag kunde ta hand om problem som uppstått under veckan. Ibland var jag tvungen att tala syndare till rätta.

En sammanstötning med klassen

Den första sammanstötningen kom efter att jag hade försökt reda ut ett bråk som uppstått mellan elever ifrån olika klasser. En av flickorna flög i "taket": "... det är alltid så ... det är alltid vi som får skulden. Vi får alltid skulden även om andra har gjort fel."

Det var helt klart att hon ansåg att min tillrättavisning var felaktig och att jag gjorde som alla andra nämligen gav 9H skulden. När hon öst ur sig vad hon ville ha sagt, kom klassen och jag överens om följande: Jag skulle skärpa mig och ställa upp på dem om det var så att 9H-elever med rätta kände sig orättvist behandlade. Omvänt fick eleverna skärpa sig och försöka undvika bråk av den typ som förevarit. Det kändes faktiskt riktigt skönt att inför öppen ridå visa klassen att till och med en lärare kunde lyssna på dem. Klassen lugnade sig och blev som vanligt.

En lite speciell kollision kom när en av klassens flickor sprang fram till mig ute i en korridor: "Varför spelade du den där filmen i går? Jag var tvungen hålla för öronen och så bad jag till Gud hela tiden att få slippa höra."

Det tog en stund innan jag förstod vad hon menade. Min kollega, biologilektorn, hade visat ett antal bildband, "Alla tiders film", som behandlade djur och växters utveckling på jorden. Han hade tänkt visa det sista avsnittet men av någon anledning hade det inte blivit av och han undrade om jag kunde tänka mig att visa sista avsnittet under en kemitimme. Jag gjorde som han önskade och hann precis visa avsnittet på en lektion och jag sa till eleverna att de fick diskutera avsnittet med sin biologilärare.

Den diskussionen kom på tok för sent. Flickan kom från ett religiöst hem där man tog avstånd från biologins utvecklingslära. Hon blev väl helt överrumplad när hon på en kemilektion konfronterades med denna teori om livets uppkomst och utveckling. Men jag förstod inte varför hon reagerade så kraftigt eftersom hon hade sett flera avsnitt tidigare. Det var först *när jag drygt 40 år senare satte mig ned för att skriva om denna händelse* som det framstod som troligt att de spektakulära presentationerna av utdöda växter och djur (t.ex. dinosaurier, urfåglar sabeltandade tigrar etc.) kunde den religiösa flickan acceptera som en spännande historia. Först när bildljudbandet behandlade teorier rörande primaternas utveckling och människans härkomst kom biologins utvecklingslära i konflikt med hennes religiösa tro. Hon var troligen totalt oförberedd på denna kollision mellan *tro och biologisk teori,* något som hennes biologilärare borde ha tagit upp med klassen. Det tog mig alltså 40 år innan jag begrep vad jag ofrivilligt hade ställt till med. Man kan kanske karaktärisera uppvaknandet som exempel på retroaktiv förståelse.

Många biologilärare är så angelägna att lära ut biologins utvecklingslära att de missar chansen att diskutera skillnaden mellan *tro och en vetenskaplig teori* och skillnaden mellan orsaksförklaringar och teleologiskt färgade ändamålsförklaringar. Min uppfattning är att biologins utvecklingslära står som starkast i diskussionen om livets uppkomst och utveckling om man tillåter en granskning av olika argument och klargör vilka livsfrågor de kan ge svar på. Existentiella frågor har vi väl alla, och som utgångspunkt för diskussion i klassen är de av stort värde och skall definitivt inte avfärdas. Vid diskussion av existentiella frågor får man osökt många tillfällen att som lärare fostra elever att respektera andras åsikter. Att som lärare visa en attityd som möjliggör för elever att komma till tals och bli tagna på allvar innebär att det är större chans att eleverna tar hänsyn till lärarens synpunkter.

Slutet på ett läsår

Slutet på läsåret närmade sig och för en del klasser i åk 9 innebar det att man avslutade grundskolan med någon form av klassresa. Ofta hade eleverna på olika sätt sparat länge för få ihop pengar till en resa. När detta blev allmänt känt bröt ett missnöje ut bland en del elever i 9H för att de själva inte gjort några ansträngningar till en resa – "ska alla andra få åka och inte vi"

Efter en diskussion med klassen lovade jag att undersöka vilka möjligheter det fanns för ett ekonomiskt stöd för en kortare resa.

Kolmården – alltid något

Det visade sig att den ekonomiskt ansvarige på skolan såg vissa möjligheter för skolan att bidra till att klassen fick åka till Kolmårdens djurpark tur och retur. SJ hade ett mot skolor riktat erbjudande i form av speciella paketresor där lunch på Kolmårdens Djurpark ingick. De som bestämde i skolan beslöt att ställa medel till för fogande för en resa till Kolmården för 9H. Även besök på delfinariet ingick. Nu fattades bara fint väder och värme.

Värmen kom just den dagen då vi satt oss på tåget på Centralen, drygt 20 glada ungdomar och en kemilärare med sin 8-åriga dotter. Resan till Norrköping förlöpte väl, även om den var varm. Vi fick ta oss gående till Norrköpings hamn där en båt skulle vänta på oss. Ingen båt låg vid kajen och vi fick vänta en dryg timme innan den kom. En timme vid en båtkaj med varma, svettiga trötta, irriterade och småningom mycket hungriga tonåringar. Det gällde att till varje pris undvika att någon drullade i sjön.

Tankar som kom var av typen: *Vad har du ställt till med? Varför denna utflykt? Varför åkte vi inte två lärare som kunde hjälpas åt om något särskilt hände?"*

Vi blev hämtade till slut och båtturen förlöpte väl. Vi tvingades dock halvspringa upp till restaurangen och ta emot en utskällning för att vi inte passat tiden varför vi tvingades till att vänta ytterligare. Nu var måttet rågat för vissa elever. En stor kille i min klass lyckades sätta igång ett riktigt bråk. Jag kopplade ett grepp och sa så elakt jag kunde: "Nu står du här alldeles stilla – jag släpper dig inte ett ögonblick förrän du fått din mat som du äter snällt."

Maten kom och mina elever fick springa ned till delfinariet, se på uppvisningen och sedan skynda tillbaka till båten för hemresa. När vi kom tillbaka till Norrköpings centralstation väntade ytterligare en överraskning. Några lågstadielärare hade, när de traskade tillbaka till tåget sett mina högstadieelever närma sig, tagit det säkra före det osäkra och låst in sig och eleverna i en stor öppen kupé för att slippa sällskap till Stockholm. De hade bl.a. lagt beslag på våra platser. Ingen tågvärd fanns i närheten. Vi upptäckte dock två mindre tågkupéer som gick att stänga. Det gällde för oss att snabbast möjligt fylla och behålla dessa platser till Stockholm. Resan avslutades under former som passade mina uppspelta tonåringar, instuvade som de var i de små kupéerna med möjligheter till varm och härlig trängsel.

Vi kom hem. Hur var det på resan? Jo då, det var väl ganska roligt men struligt skulle kanske deltagarna ha svarat. Själv hade jag anledning att fundera en hel del kring frågor om ledares ansvar. Nu 40 år senare kan jag bara med häpnad konstatera att jag av skolan tilläts att som ensam lärare åka i väg med en grupp bångstyriga elever. Tack och lov så gick det bra. Det är inte omöjligt att det fanns en viss tyst tacksamhet från elevernas sida över att någon på skolan brydde sig, och att de därför uppförde sig ganska väl.

En mamma kommer på besök

I samband med en kemilektion med 9H kom en dam oväntat på besök. Hon presenterade sig som mamma till en pojke i klassen, Johan. Exakt vad hon sa minns jag inte men det handlade om att Johan tyckte det hade blivit roligt med kemi. Vilken stressad kemilärare blir inte glad åt ett sådant yttrande. I alla fall svalde jag nog betet direkt. Jag hade ju faktiskt gjort en del förändringar i syfte att intressera eleverna och därmed få dem att lära sig något. Med andra ord: Roligt att saker och ting går hem ibland – jag kände mig nog lite duktig.

Det var min yngsta dotter som fick ned mig på jorden. Hon gav mig nämligen för något år sedan som födelsedagspresent *Lill-Tarzan å jag. En berättelse från världens bästa land* skriven av Johan Hedenberg, f.d. elev i 9H. Av Johans bok framgår att jag inte var den enda läraren som blev föremål för Johans moders omsorger vad gällde att motivera en betygshöjning. Vad jag minns hade jag såväl med eleverna som med föräldrarna ett resonemang som gick ut på att även om de på sina skriftliga läxförhör fått ganska höga poäng så innebar det inte att hela klassen förtjänade 5:or. Jag vill minnas att det förstod de mycket väl.

En sak som jag verkligen blev ganska tagen av, när jag 40 år senare läste Johans bok, var den hårda miljö som många skolelever kom ifrån. Det ständiga hotet att få smaka på rottingen är svårt att förstå. Tiderna har förändrats. Skolans uppgifter har också förändrats med tiden. Bland annat har lärarna ålagts ett viktigt ansvar att hålla god kontakt med föräldrarna. Det är svårt att låta bli att tänka på att här umgicks man med elever bland vilka flera hade det verkligen besvärligt. Var jag själv så naiv att jag inte märkte något, eller ville man helst inte se något? Mitt minne från mina 5 läsår på skolan var att det diskuterades ganska litet *varför* eleverna uppträdde olämpligt. Man nöjde sig med konstaterandet att vissa elever uppförde sig illa i skolan.

När jag läst Johans bok inser jag att det var under en ganska kort period som våra vägar korsades. För min del tror jag att jag lärde mig mycket när jag tvingades hantera 9H, denna något bångstyriga klass. Var de oroliga var det inte riktat mot mig. Jag är glad att jag inte drogs in i något krig med "salivbollar" som Johan skriver om.

En sak som positivt påverkade mina möjligheter att komma till tals med eleverna i 9H tror jag hänger samman med att jag alldeles gratis fick en sådan fin start med klass 9G3 ett par år tidigare. I det arbetet fick jag erfarenheter som lärde mig något om undervisning, erfarenheter som sedan gav mig en trygghet i arbetet med andra klasser. Det känns därför angeläget att få rikta ett senkommet tack till 9G3.

Avslutning för 9H

Slutet på skolåret närmade sig för 9H och dess klassföreståndare. Vi hade genomlevt vårterminen utan att några större olyckor hade inträffat. Det var ganska glada elever som samlades för betygsutdelning. Då upptäcker jag en elev som uppförde sig konstigt. Vanligtvis var hon ganska tyst och lugn. Vid betygsutdelningen var hon högljudd och störande. Hon var förmodligen påverkad av något men av vad förstod jag inte. Jag var totalt oförberedd på situationen. Flickan försvann snabbt med en kompis. Samtidigt kom flickans mamma till skolan.

Hon ville helt enkelt prata om sin dotter och berätta om hur jobbigt hon hade det med henne, och hur orättvist hon tyckte det kändes att vara *"mamman 'som inte klarade av sin dotter'."* Hon hade ytterligare två barn som gått och klarat sig igenom skolan utan problem. Hon kände att andra människor hade förutfattade meningar om henne som mamma, något hon upplevde som tungt och orättvist. Dagen innebar för min del ett snopet slut på läsåret och för flickans del en sorglig avslutning på 9 års skolgång.

Förmodligen meddelade jag skolledningen vad som förevarit, men vilka åtgärder den eventuellt vidtog vet jag inget om. Flickan hade ju avslutat sin obligatoriska skolgång. Hon hade, vad jag vet, inte gjort något olagligt. Kanske var det så att skolan var glad att den lyckats lotsa ett antal elever genom grundskolan där de sista åren mest var en plåga för de involverade. Flickans mamma och jag hade haft ett bra samtal, men i vad mån hon fick någon hjälp vet jag ej. Det var nog så att man som lärare ofta med viss lättnad såg specialister överta eventuella problemfall.

Själv hade jag sökt och fått en tjänst vid Lärarhögskolan i Stockholm, vilket innebar att jag lämnade skolan efter 5 år. Det hade varit fina år. Den viktigaste orsaken till att jag slutade var att jag ville ha en ordinarie tjänst. Det hade visat sig att extra ordinarie lärare ibland levde farligt och riskerade att bli uppsagda t.ex. efter en oenighet med rektor. Tjänsten vid Lärarhögskolan var ordinarie vilket innebar en viss trygghet.

Trots att jag sedan trivdes utomordentligt bra som lärarutbildare hade jag ändå i många år starka funderingar om att återgå till ungdomsskolan.

Första skoltjänsten – fem års förlängd lärarutbildning

Det sägs ofta att man aldrig blir färdigutbildad som lärare. En vanlig klyscha är ju den att man lär sig så länge man lever dvs. för en lärares del så länge man har elever. I och med att mina elevers ålder varierade från 13 till 19 år (i enstaka fall 20 år) fick jag en bred kontakt med och likaså en bred erfarenhet av skolungdom. Upptagningsområdet var sådant att elever kom från olika socioekonomiska miljöer.

Det var alltså totalt sett en blandad församling jag skulle arbeta med. Det kan efter så många år vara svårt att peka ut vad som var de viktigaste erfarenheterna av den första skoltjänsten, men jag gör ändå ett försök.

*Vikten av noggrann planering av ämnesundervisningen
i gymnasiet*

För de högsta gymnasieklassernas del, t.ex. biologi i studentklassen (gamla gymnasiet), kemi och biologi på naturvetenskaplig linje (nya gymnasiet), lärde jag mig betydelsen av planering med start i ämnesinnehållet (intressanta problem, experimentella moment och relevant teori) i stället för en passiv "följa-boken-undervisning", med risk för ett tynande engagemang hos både lärare och elever. När jag som metodiklektor gjort mina besök har jag förvånats över hur kortsiktig planeringen ofta varit. Själv var jag hjälpt av att på ett tidigt stadium bestämma *vad* som skulle behandlas och vilka experimentella huvudattraktioner jag kunde erbjuda samt syftet med dem. Denna typ av tidig planering innebar att man som lärare förtjust kunde konstatera att det var ju inte alls svårt att komma på intressanta frågor att arbeta med. Visserligen kunde man komma i en situation med brist på tid. Att som lärare lida av brist på undervisningsuppslag var dock mycket värre.

Förändringar och vilsenhet på högstadiet

Att hantera högstadieelever innebar ibland andra problem. Vid denna tid genomfördes skolreformer som innebar att först enhetskoleklasser därefter grundskoleklasser ersatte det gamla parallellskolesystemet med folkskola och realskola.

Försöksverksamhet förekom på olika håll i landet. Detta innebar att i vissa skolor förekom olika skolformer parallellt. Det förelåg nog en ganska stor tveksamhet bland lärarna inför de förändringar som skulle drabba skolan och inte minst dess lärare. Många ämneslärare som hade tjänst på realskolor skulle fortsättningsvis placeras på grundskolor med den nya uppgiften att undervisa barn ifrån "sammanhållna" klasser utan att någon nivågruppering av eleverna hade företagits. Under denna period introducerades idén att undervisa i ämnesövergripande arbetsområden i stället för ren ämnesundervisning. För många lärare innebar den nya ordningen ett hårdare arbetsklimat.

Under en praktikperiod på Lärarhögskolan träffade jag en av mina egna lärare från gymnasietiden. Han var inte enbart negativ till det nya systemet, men använde vid något tillfälle uttrycket "Balubas" (förklenande benämning på afrikanskt folkslag) när han pratade om vissa elever. Visserligen använde han sig av uttrycket lite skämtsamt, men det fanns ändå till hands att användas i en pedagogisk diskussion. Det var mötet med grundskoleelever som många fasade för. Under våra auskultationer hade vi ofta sett lärare som hade stora svårigheter med sina elever. En sak som jag lärde mig var att eventuella dumheter som någon elev gjorde sig skyldig till i regel inte var riktat mot mig som person utan oftast hade andra orsaker. Man fick därför inte ge upp utan i stället försöka stödja dem när så var möjligt.

Sammanfattningsvis är det min uppfattning att det rådde en ganska stor vilsenhet bland lärarna beträffande det som senare formulerades som didaktikens huvudfrågor. På vissa skolor genomfördes försöksverksamhet medan man fortsatte arbeta som man alltid gjort på andra skolor. Det innebar att många lärare arbetade efter egna idéer och eget huvud.

Om föräldrakontakt, skolans olika stadier, möjligheter till samarbete

Under de fem läsår jag arbetade på denna skola hade jag förvånansvärt (tycker jag nu) liten kontakt med föräldrar och jag vet inte varför. Skolan präglades förmodligen av att det omfattade ett stort och utbyggt gymnasium. Lärarna önskade sig att få undervisa i gymnasieklasserna. Skolan leddes med mycket fast hand av en rektor som inte hade mycket till övers för alternativa idéer vare sig de framfördes av elever eller lärare. De elever högstadielärarna tog emot i årskurs 7 var i regel 13 år gamla och hade rimligtvis lärt sig en mängd saker under de första sex skolåren. De hade i orienteringsämnena arbetat ämnesintegrerat. De mötte i årskurs 7 lärare som tänkte och oftast undervisade utifrån ett klassiskt ämnesperspektiv, vilket i sin tur ledde till att elevernas kunskaper i början underskattades.

Jag måste för min egen del erkänna att jag hade mycket liten kunskap om eleverna jag tog emot i grundskolans högstadium. Det verkade som den riktiga skolan började först i och med högstadiet och dess ämneslärarundervisning – en uppfattning som nog kan leva kvar på sina håll och inte gagnar samverkan mellan olika stadier. Eventuella problem i samband med elevernas övergång från mellanstadium till högstadium var aldrig uppe till allmän diskussion. Redan första året vid skolan blev jag klassföreståndare för en åk 7-klass vars elever kom från näraliggande låg- och mellanstadieskolor.

Så här i efterhand är det märkligt att nya elever kom till en främmande skola och där fick som klassföreståndare en lärare som själv var grön och oerfaren. Den enda förklaring jag kan komma på är att skolan styrdes av en rektor, vars ord var lag, som man åtlydde utan diskussion. Här vill jag dock tillägga att vår rektor hade många goda sidor som skolchef. Han lyckades bringa ordning i en skola som året tidigare hade haft stora problem. Hans absoluta stil gjorde att han utgjorde ett starkt stöd för osäkra lärare.

Erfarenheter från fem år som skollärare

Av de sammanlagt ca tjugo klasser jag undervisade i under fem år vid skolan har jag begränsat mig till att berätta om tre, nämligen 9G3 (pigga och positiva), 9H (skoltrötta, egentligen ganska snälla, ibland något bångstyriga) och 9Tp (mycket skoltrötta och av skolarbetet helt ointresserade). Andra klasser och elever var lika intressanta på sitt sätt. De problem som jag mötte var relativt få och i regel lätta att lösa. Givetvis förekom det att enskilda elever orsakade problem genom att uppträda störande, men sådana incidenter tycks jag för min del tenderat att glömma.

När jag nu reflekterar kring mina tidiga erfarenheter av skolans värld konstaterar jag att den fem år långa första skoltjänsten var viktig för mitt fortsatta arbete. Det var mycket att lära och allting var lika viktigt. För lärare i naturvetenskapliga ämnen innebar det att man kanske var tvungen att starta det praktiska arbetet med att duka upp för elevernas experiment redan klockan 07.30. Materialet ställdes på rullvagnar färdiga att rullas in när de skulle användas. Efter en kort rast var det kanske dags att starta ett biologipass, som också var förberett på likande sätt. Innan undervisningen startade prövade de flesta lärarna att materialet fungerade. För lärare i naturvetenskap ingick praktiska förberedelser som ett viktigt *undervisningstekniskt element i lärande* till lärare.

Efter lunch samlades skolans biologilärare ofta i biologiavdelningens s.k. preparationsrum där de kunde prata av sig, läsa en tidning eller bara ta det lugnt. Ofta handlade samtalen om något som hade med skolan att göra. *Nya och unga lärare* påverkas med största sannolikhet starkt av den existerande subkulturen på skolan och *tar ofta efter sina kollegor. Lärandet kan alltså även ses som en socialisation in i yrk*et. Många gånger är tiden så knapp att man som ung lärare inte hinner få tillräcklig tid för den *reflektion* som är så viktig för lärarens professionella utveckling. Många gånger blev undervisningen en kompromiss mellan vad som var planerat och vad som bestämdes av andra faktorer – inte minst dagsformen hos en del oroliga elever. Den var svår att förutse.

En kvinnlig kollega som bland annat undervisade den tidigare nämnda 9Tp möttes en dag när hon kommit in i klassrummet oväntat av frågan: "Är det sant det där att tjejer som har fjuniga skäggstrån på överläppen – att dom har långa hängande blygdläppar?"

För en del lärare kan mötet med stökiga elever verka skrämmande – dock inte för den tillfrågade. Hon hade i regel svar på tal. Att arbeta i en miljö där elever testar sina lärare på detta sätt kräver att läraren utvecklar någon form av självförsvar. Det handlade i vissa klasser om att finna sätt att överleva. Andra klasser var man mer trygg med och där fungerade undervisningen naturligtvis mycket bättre.

Genom detta skrivarbete, som jag nu ägnar mig åt, har jag konfronterats med ett stort antal positiva hågkomster av samvaron med eleverna. I många fall minns jag direkt vilken elev som i en given situation t.ex. kom med en rolig kommentar. Det stämmer väl med att många lärare när de intervjuats om läraryrkets avigsidor och sedan får frågan om det bästa med yrket oftast svarar att det var eleverna. För min egen del är jag övertygad om att den viktigaste drivkraften för många lärare att sköta och utveckla sitt jobb är hågkomster (mer eller mindre starka) av alla de episoder de upplevt under sin lärartid. När jag tänker tillbaka på den tid jag arbetade i ungdomsskolan är det två upplevelser som jag inte kan glömma nämligen:

- att miljön på biologiavdelningen var så välkomnande att såväl det undervisningstekniska lärandet som socialiseringen till skolans subkulturer startade direkt på terminens första dag i form av en stimulerande exkursion till en närbelägen skog tillsammans med biologikollegerna.

- alla glada och spontana kommentarer från eleverna som exempelvis:
"magistern, på vårat land har vi så här höga gullvivor"
"får vi magistern i biologi nästa år?"
"nu var magistern allt lite orolig för att vi inte skulle klara av att gå över Fridhemsplan själva utan att bli påkörda"
"här kommer min gamla favoritlärare. Jag är själv lärare nu."

Vid den s.k. "gubbskivan" efter studentexamen under en dans med en nybakad studentska:

"Vet du vad vi kallade dig då du kom i korridoren?"
"Nej"
"Här kommer grabben med lådan (RFSU-lådan) Varför kommer han aldrig in till oss?"

När vår äldsta dotter (ca 3 år) kröp upp i famnen på en av eleverna då klassen lussade hos oss:

"... och jag kommer ihåg att du sa att du (Svend P) aldrig hade delat ut en sådan stark 4:a i slutbetyget i gymnasiet.

Detta uttalande från min sida under en period då eleverna upplevde betygsystemet som oerhört pressande är nog det mest korkade jag presterat som lärare och jag ångrar det djupt.

Den flicka i åk 2 i gymnasiet som i samband med en diskussion om sex och samlevnad svarade på frågan: hur skall man då vara gentemot den man är tillsammans med? Hon var nog den enda elev som tveksamt räckte upp handen: "Snäll, man skall vara snäll mot den man är tillsammans med ".

För en person som inte var med i klassrummet den dagen kan svaret tyckas lite vagt men hennes ärliga försök att formulera sig i detta känsliga ämne var imponerande och hennes ögon i den stunden de glömmer jag aldrig.

Sist men inte minst – återseendets glädje

Lärarhögskolan i Stockholm hade under en period samarbete med högskolan på Gotland och jag var i Visby för att hålla en föreläsning. Just när jag skulle starta mitt första undervisningspass tyckte jag mig känna igen en av kursdeltagarna och frågade om det var någon i församlingen som hade gått i åk 7 i en viss skola för 30 år sedan. Jo, det fanns det ju! Hon hade tänkt fråga under den inplanerade kafferasten. Under kafferasten berättade hon om sin tjänst som bildlärare och jag om mitt arbete som lärarutbildare. Plötsligt frågade hon: "Märkte du aldrig var den där snöbollen kom ifrån"? Nej, jag förstod faktiskt inte vad hon menade och hon berättade då:

> Det hade ju kommit en massa snö och rektorn hade sagt att det var absolut förbjudet att kasta snöboll. Och jag stod med en snöboll i handen när någon rusade förbi och sa: *Så där får du väl inte göra*! och då blev jag så förskräckt att jag tappade den så att den flög iväg åt ditt håll. Märkte du aldrig var snöbollen kom ifrån?

Det var bara att erkänna att jag inte hade sett någon snöboll under min rastvakt. Det som fascinerade mig var att min gamla elev efter ca 30 år mindes denna episod så tydligt och ville veta svaret på en fråga som hon av någon anledning inte förmått att släppa.

När jag kommit tillbaka till mitt hotellrum den kvällen och rekapitulerat vad jag hade upplevt under dagen infann sig frågan: kan man ha ett bättre och roligare jobb? Det finns nog olika svar på den frågan. Lärare arbetar under olika förhållanden men jag tror en sak är central men ändå för mig omöjlig att beskriva nämligen: *glädjen att undervisa*.

KAPITEL 4

Experiment och laborativt arbete – vilket värde har det?

Om någon hade, när jag var student vid universitetet, ställt mig en fråga om vilket värde experiment och laborativt arbete har, hade jag förmodligen varit helt svarslös. Det var ju så att man laborerade hela dagarna och försökte läsa in teorin under kvällar och helger. Kemi var ju att laborera och biologi var ju att undersöka, mikroskopera, examinera osv. När man blev klar med sina "labbkurser" fick man försöka läsa in teorin så gott det gick. Laborationer ingick som ett självklart moment för studenter som läste naturvetenskap.

Vid den efterföljande lärarutbildningen fick experimenten en tydligare roll som hjälpmedel för att t.ex. lära elever kemi. Vår utomordentligt skicklige metodlektor gav oss konkreta exempel på hur man tog upp olika kemimoment och hur man med lämpliga frågor kunde leda eleverna till att göra iakttagelser och lotsa fram önskade resonemang.

Som blivande lärare var man ytterst tacksam för denna typ av metodik. Kemimetodiken innebar att man kunde samla på sig ett antal goda uppslag till undervisning.

De flesta lärare som undervisat i NO är nog överens om att goda experiment är guld värda bl.a. för att eleverna aktiveras samtidigt som läraren får tillfälle till naturlig kontakt med enskilda elever, t.ex. när man laborerar i halvklass.

Meningsfulla laborationer ökar dessutom möjligheterna för läraren att arbeta med god "classroom control". Tilltron till god undersökande pedagogik var under min tid som student mycket stor och jag minns rådet som gavs oss att för kemiundervisning gällde *experimentet i centrum*. Experiment och laborativ undervisning stod alltså högt i kurs hos lärare och lärarstudenter.

Kritik mot NO-undervisningen

Eleverna tyckte emellertid att kemi och fysik var svåra och inte särskilt intressanta. Det framgår av den forskning som kom igång under 80- och 90-talet. Man började granska de laborationer och undervisningsexperiment som eleverna skulle arbeta med. De svenska skolinspektörerna pekar på att experimenten som gjordes på högstadiet ofta genomfördes utan att eleverna förstod varför. Det sägs att när eleverna blev intervjuade om varför de genomfört ett visst experiment ofta gav svar av typen "jag vet inte ... det var han (läraren) som sa vi skulle göra så här". Arbetet var inte framsprunget ur några frågor som man ville ha svar på. Elevernas laborationsuppgifter utfördes enligt lärarnas instruktioner. Laborationerna hade därför inte någon större likhet med experimentellt arbete.

Utvecklingen av NO-didaktisk forskning resulterade i att man började granska arbetssättet som tillämpades i NO-undervisningen. Idéer om att elever själva ur exempelvis böcker skulle ta reda på fakta, sammanställa och redovisa, kallades av en del lärare för att eleverna bedrev forskning. Uttrycket "eleven som den lille forskaren" fick en olycklig spridning.

Experimentellt och laborativt arbete i NO-undervisningen – finns det?

Synpunkter från företrädare för andra undervisningsämnen (Sv/SO) på Svend Pedersens föredrag om NO-didaktik

- Bakgrunden till ovanstående inbjudan var en seminarieserie planerarad att ge en översikt av forskningsområden i NO-ämnen.
- Som ram för arbetet har jag presenterat en översikt (figur 7). Jag började mitt föredrag med att genomföra experimentet med stearinljuset (figur 1) och diskussionen kring det. Efter min inledning följde en livlig diskussion och många frågor och synpunkter framfördes av publiken.

I samband med att jag började samla ihop material till denna text fann jag de två recensionerna av mitt inledande föredrag. De var båda klart intressanta att få med i denna text, då de kunde ses som representanter för alla de medborgare som inte är naturvetare, men som i sitt vuxna liv kommer att beröras av frågor som kräver basala kunskaper i naturvetenskap. Här följer några starkt förkortade utdrag ur de två recensionerna.

En språkvetares reflektioner kring Svend Pedersens föreläsning om NO-didaktik – utdrag ur två recensioner

Och naturligtvis inträffade just det jag befarat! Efter att ha bett oss förutsäga vad vi trodde skulle hända, utförde Svend ett experiment. När han sedan bad mig berätta vad jag hade trott skulle ske och jag generad gav "fel svar", förklarade han att min reaktion var ett bra exempel på ett av naturvetenskapens huvudproblem. Man kan nämligen inta två fundamentalt motsatta attityder, för det första "Min förutsägelse stämde inte – nu är jag dum nu har jag gjort bort mig" och för det andra: "Det stämmer ju inte. Vad spännande. Vilken härlig utmaning, detta måste undersökas!"

Vid det laget började resonemanget bli verkligt intressant även för en språkvetare och jag fann många paralleller mellan NO-didaktiken och språkdidaktiken.

Det var också intressant att höra att dagens naturvetare är väl medvetna om språkets stora betydelse för naturvetenskapen. En av dessa, Joan Solomon, har påpekat att språket inte riktigt har hängt med, och att man fortfarande använder många uttryck som speglar vår forna syn på naturvetenskapen. Clive Sutton är inne på samma tankegång då han säger att det naturvetenskapliga språket är "fossils of old thoughts".

Vår recensent, som representerade språkämnena, reagerade (som många andra) med att tycka det var obehagligt att plötsligt ställas inför en knepig fråga inom ett ämnesområde som hon inte hade uppskattat i skolan. Som språkdidaktiker pekar hon på flera frågor som bearbetas på liknande sätt inom språkdidaktiken och NO-didaktiken

Representanten för lärarutbildarna i svenska och SO-ämnena tar upp och påpekar likheter i hur man ser på elevers lärande i hans ämnen och NO-ämnena. När det gäller att ta steget från vardaglig uppfattning till vetenskaplig förklaring menar han att det är ett större steg att ta inom naturvetenskapen än i hans ämnen, men han är starkt kritisk mot de som menar att detta mentala kliv kan tas genom försök, laborationer och experiment.

Problemet är bara att dessa försök inte är riktigt äkta, eftersom det alltid finns ett rätt svar. Laborationen skall utmynna i en slutsats som läraren känner till i förväg. Gör inte försöket det har eleven gjort fel. På så sätt är de traditionella naturvetenskapliga försöken inte exempel på en autentisk forskningsuppgift. Det handlar mer om skattjakt utefter en mer eller mindre välsnitslad bana.

Vår recensent från svenska och SO sammanfattar sina synpunkter genom att ställa frågan: "Borde inte experimenten om de verkligen skall leda fram till något som vi inte redan visste om i stället vara sådana att de genererar frågor, problemställningar i stället för svar?"

Min kommentar:
Detta är en mycket viktig fråga som bör diskuteras till att börja med rent språkligt. Vad menar vi när vi använder ord som experiment, försök, demonstrationsförsök, laboration, forska, utforska etc.?

Ett svårare problem är att finna frågor som kan ge impulser till eleverna att själva komma med förslag till undersökningar. Här tror jag dock att man måste ha klart för sig att det kanske är tillräckligt om man gör mindre ändringar i syfte att problematisera den experimentella uppgiften. Här kommer vi emellertid till ett stort problem för NO-undervisningen. Om en undersökningen genererar ett antal nya frågor som man skulle vilja pröva, föreligger alltid risken att dessa av rent praktiska skäl inte är *undersökningsbara* med de resurser som finns på skolan.

Idén att låta eleverna själva komma med förslag till fortsatta övningar är givetvis god. Tyvärr tror jag att dessa fortsatta undersökningar oftast av praktiska skäl inte går att genomföra. Att arbeta fram nya tester är tidskrävande och kräver ett teoretiskt kunnande. Den som har erfarenhet av kvalificerat laboratoriearbete aktar sig i regel att tala om "eleven som den lille forskaren."

Däremot tror jag att det är fullt möjligt och intressant att med eleverna diskutera forskningsfrågor t.ex. med utgångspunkt från de av Roberts och Östman föreslagna kunskapsemfaserna och de resultat som eleverna själva kommit fram till.

Innan vi går vidare till frågan att "lära till lärare" i naturvetenskap avser jag att något mer behandla det moment som angår alla lärare i de naturvetenskapliga ämnena, men som också tycks engagera kolleger i andra ämnen. Det är frågan om *det experimentella och undersökande arbetssättet.*

I en studie av Lager-Nyqvist (2003) görs en jämförelse av de mål som formuleras för elevernas praktiska arbete i läroplaner för den svenska grundskolan 1962 och framåt.

Att laborationer ökar intresset för naturvetenskap och utvecklar social och kommunikativ kompetens slås fast i alla de beskrivna kursplanerna. Målen med praktiskt arbete och laborationer har dock förändrats från att de ska ge eleverna förståelse för teoretiska begrepp och "upptäcka samband" (I läroplanen från1962 och 1969) till att ge insikter om naturvetenskapligt arbetssätt och förståel-se för naturvetenskap som en mänsklig konstruktion (1994, 2000). (a.a., s. 43).

Under senare år har en diskussion vuxit fram kring det laborativa arbetets roll för elevers lärande och argumenten för experimentellt arbete har utsatts för en kritisk granskning. Wellington (1998) är kritisk till argumentet att laborativt arbete skulle utgöra ett bra redskap för att undervisa om naturvetenskapliga begrepp och teorier, eftersom teorier handlar om abstrakta begrepp som inte kan illustreras rent fysiskt. Han är vidare skeptisk inför lärares reella möjligheter att med hjälp av elevexperiment ge dem insikter om naturvetenskapens karaktär, eftersom de flesta lärare själva har mycket liten erfarenhet av eget forskningsarbete. Med utgångspunkt från fem vanligt förekommande elevlaborationer diskuterar Millar (1996) i vad mån praktiskt arbete verkligen kan hjälpa eleverna att förstå naturvetenskap. Han menar att den laborativa verksamheten i första hand kan ses som en *strategi för att åstadkomma kommunikation* kring naturvetenskapliga förklaringsmodeller.

Det kan t.ex. handla om att bjuda in eleverna till att resonera kring matsmältning i termer av en kemisk/fysikalisk modell. I andra elevlaborationer kan vinsten vara att experimentet synliggör och därigenom lyfter fram, ett viktigt fenomen (t.ex. växternas stärkelseproduktion eller vätgasutvecklingen mellan metall och syra). Ofta bevisar inte "experimentet" särskilt mycket. Millar menar i stället att det handlar om att överbrygga gapet mellan observerbara fenomen och naturvetenskapens teorier. Detta åstadkommer man genom att invitera eleverna till att "se det på det här sättet" (jfr Ogborn et al. 1996). Millar är vidare, i likhet med många andra författare, kritisk till bilden av "eleven som den lille forskaren" samt till den övertro som förekommit på vad man kan åstadkomma med praktiskt arbete.

> There is more need, I think, to change what we say than what we do – though clearar understanding of what practical work can and cannot do might also lead to better designed and more effectively targeted practical work. (Millar, 1998, s. 30).

Det finns enligt Millar all anledning att låta eleverna arbeta undersökande och utnyttja möjligheterna till intressanta undervisningsexperiment. Samtidigt bör vi dock vara noga med att använda ett korrekt språk när vi tillsammans med eleverna analyserar uppgifterna.

Försök till sammanfattning

Det finns enligt min mening hos majoriteten av lärare en stark övertygelse och på väl beprövad erfarenhet grundad uppfattning om att laborativa moment ökar elevers intresse för naturvetenskap. Detta under förutsättning att dessa laborativa moment ingår i ett sammanhang präglat av sunt förnuft och klok pedagogik. Hur skall man då arbeta om man vill undvika att eleverna uppfattar att de utför experiment utan att de själva förstår varför? Min uppfattning är att det kan löna sig att som lärare träna och sedan med elever öva att problematisera dvs. ställa relevanta frågor kring ett visst ämnesområde.

För att återgå till frågan ställd av recensenten för svenska och SO-ämnena: "Borde inte experimenten om de verkligen skall leda fram till något som vi inte redan visste om, i stället vara sådana att de genererar frågor, problemställningar i stället för svar?" så kan jag inte besvara den på annat sätt än att vi kan ställa frågor, men där tar det oftast slut. Däremot tror jag att det är möjligt och även önskvärt att elevernas laborationsuppgifter får en sådan utformning att eleverna med jämna mellanrum tvingas att tänka till litet extra. Här kommer ett förslag nämligen fotosyntesförsöket, som diskuterats tidigare.

För ett antal år sedan ingick det i min tjänstgöring att undervisa en klass som gick på teknisk linje årskurs 3 och läste biologi som extra ämne. I samband med kursmoment i växtfysiologi fick eleverna samma uppgift som eleverna i åk 8 hade fått (se kapitel 2, om fotosyntes och elevförståelse). När jag presenterat uppgiften för dem hördes en glad men suckande elev: "Vad jobbig du är – skall vi behöva tänka nu igen".

KAPITEL 5

Om lärares kunskapsbaser och "pedagogical content knowledge"

Vad behöver en lärare kunna, är en fråga som ställts av många. Vem har ett enkelt svar? Det har nog under årens lopp gjorts ett antal försök att sammanställa kravlistor i förhoppning att få med de kunskaper och färdigheter som krävs. En svårighet är att kunskaper ofta presenteras styckevis och delt, medan kunnande i bemärkelsen kompetens ofta innebär att personen förfogar över en förmåga att göra en personlig syntes av olika kunskaper.

En anledning till att det är svårt att enkelt fastställa vad en lärare behöver kunna är att den "gode läraren" har lyckats göra en personlig syntes av kunskaper han/hon har tillägnat sig genom studier och praktik. När väl syntesen har uppnåtts och fungerar i praktiken kan det vara svårt att identifiera ingående komponenter. Den ene gode läraren är ej heller den andre lik. En grupp studenter kan givetvis ha samma schemaläggning och kan sägas följa samma studiegång rent formellt. Som individer kommer de dock sannolikt att ta till sig olika saker, inte minst under skolpraktiken, som varierar mellan olika skolor. Lärandet till lärare handlar alltså till en del om individuellt lärande och till en del om lärande i samspel med andra.

För att kunna genomföra en god undervisning krävs att läraren har gedigna ämneskunskaper samt kunskaper om elevers intressen och lärande, samt erfarenhet av olika arbetssätt osv. Det är högst olyckligt när olika "kunskapsbaser" (ämneskunnande och pedagogiskt kunnande) i diskussionen ställs upp mot varandra i stället för att försöka utnyttja alla synergieffekter som kan uppstå när god pedagogik får utvecklas i samspel med viktiga ämnesstudier. Av den undervisande krävs alltså att hans/hennes ämneskunskaper är så "genomreflekterade att de är pedagogiskt användbara". Se följande avsnitt om lärares kunskapsbaser och "pedagogical content knowledge".

Om "pedagogical content knowledge"

Samtidigt som den ämnesdidaktiska forskningen kring skolans NO-undervisning har vuxit kraftigt sedan 70-talet har en mer allmändidaktisk lärarforskning utvecklats. En forskning som bl.a. intresserat sig för lärarnas tankar om undervisning, om lärarutbildning etc. Utvecklingen av denna lärarforskning (se Arfwedson, 1994) har skett ganska separat från den NO-didaktiska, som jag presenterat i tidigare avsnitt. En följd av detta kan bli att oklar-het kan uppstå om en och samma företeelse beskrivs med olika språk av for-skare på grund av vilken forskningstradition de kommer ifrån.

Ett begrepp som särskilt i USA har givit upphov till diskussion *är pedagogical content knowledge* och dess betydelse som nödvändig kunskapsbas för god undervisning. I ett arbete, *Knowledge and Teaching Foundations of the New Reform,* av Schulman ställs följande frågor:

> What are the sources of the knowledge base for teaching?
> In what terms can these sources be conceptualized?
> What are the processes of pedagogical reasoning and action?

Schulmans studier pekar på betydelsen av goda ämneskunskaper hos lärare för att kunna genomföra en god undervisning. Han skiljer mellan:

- *subject matter content knowledge*, ämneskunskaper i klassisk mening
- *pedagogical content knowledge,* som refererar till kunskaper i ämnet i undervisningssituationen
- *curricular content knowledge,* kunskaper om själva undervisningen i ämnet, vilket även innebär kunskaper om andra ämnen som eleverna studerar parallellt.

Särskilt intresse har riktats mot kategorin "pedagogical content knowledge" (ofta förkortat till PCK) om vilken Shulman skriver:

> ... that special amalgam of content and pedagogy that is uniquely the province of teachers, their special form of understanding. (Schulman 1987, s. 8)

Schulmans definition av "pedagogical content knowledge" inkluderar frågor rörande undervisningens innehåll, arbetssätt och elevers lärande. Med denna vida definition kan PCK bli en kunskapsbas som kan uppfattas som ganska vagt definierad, men Shulman ger exempel på kunskaper speciellt identifierade såsom viktiga för undervisning.

> It identifies the distinctive bodies of knowledge for teaching. It represents the blending of content and pedagogy into an understanding of how particular topics, problems, or issues are organized represented and adapted to the diverse interest and abilities of learners and presented for instruction. Pedagogical content knowledge is the category most likely to distinguish the understanding of the content specialist from that of the pedagogue. (Ibid., s. 8)

Det är kanske lättast att förstå vad han menar genom att utgå från några exempel. Jag hämtar dem ur hågkomster från min klass 7e som jag var klassföreståndare för. Eleverna hade börjat läsa om fiskar och var sysselsatta med att dissekera strömming.

Som klassföreståndare var jag tvungen att ta upp ordningsfrågor med några elever medan de övriga höll på att avsluta dis-sektionen. Jag behövde en liten stund ensam med några av grabbarna, varför jag gav eleverna en extrauppgift. "Se om ni hittar något som man skulle kunna kalla för lins." Det dröjde inte länge förrän det kom ett förtjust rop från en av eleverna: "Kolla, där man kan ju läsa med den."

Saken var den att eleverna hade, för att skydda bänkarna, haft strömmingarna liggande på en dagstidning vars text de tydligen kunde läsa med hjälp av strömmingslinsen. "Ja, man kan ju läsa fastän texten är upp och ned." "Man vänder väl på det på nå't sätt."

Denna korta episod var ju guld värd för en biologilärare och varje gång jag har undervisat om ögat kommer denna episod framhoppande ur mitt minne och jag kan, om jag vill, använda mig av den. Som biologilärare måste jag ha kunskaper om fiskar i största allmänhet och om strömming i synnerhet. Vidare måste jag ha tänkt igenom lektionen så att den går att genomföra med tillgängliga medel och vara förberedd med uppslag till frågor som eleverna kan arbeta vidare med. Dessutom måste läraren vara beredd på överraskningar. Episoden med strömmingslinsen kom som en total överraskning för mig.

Ett annat exempel är följande:

Eleverna skall dissekera ett kalvöga som är en klassisk uppgift i biologin. Ibland med ett ganska dåligt resultat, beroende på att man lagt snittet på fel ledd och preparatet blir svårt att studera.

Om man i stället placerar ögat så att pupillen blir "nordpol", lägger det i en skål med vatten och sedan klipper upp ögat längs med "ekvatorn" får man fram ett preparat som är lätt att studera. Genom att ögat placeras i vatten kommer ögongloben att behålla sin runda form. Näthinnan kommer att kunna ses som en finmaskig tyllgardin som leder ut genom "blinda fläcken". Om man sedan klipper upp från ekvator till nordpol har man goda möjlig-heter att studera pupill, lins etc. Väljer man att klippa upp ögat i längdriktning (som oftast förekommer i läroböcker) riskerar man att preparatet blir till mos.

Genom erfarenhet får man så småningom ganska många "embryon" till undervisning som kan tjäna som grund för hur man väljer att lägga upp ett undervisningsmoment. Shulman liknar tillkomsten av detta "speciella lärarkunnande" vid en amalgamering av ett speciellt undervisningsinnehåll och pedagogik.

Att Shulman liknar processen vid en amalgamering och inte bara en mer eller mindre tillfällig hopblandning av ämneskunskaper och pedagogisk teori tolkar jag som att Shulman ser processen om en syntes av olika kunskapskomponenter. Den för lärarutbildningen centrala frågan blir då Var sker då denna amalgamering på bästa sätt?

"The wisdom of practice"

Shulman betonar betydelsen av "the wisdom of practice" för att en utveckling av en individs "pedagogical content knowledge" ska kunna ske. Den blivande lärarens didaktiska förståelse utvecklas allt eftersom han/hon möter och själv tvingas lösa praktiska problem. Exemplet med strömmingslinsen är i mitt fall ett exempel på hur man lär sig i samband med att man undervisar. Om vi tar exemplet med dissektion av kalvögat kan man tänka sig att man lärt sig det praktiska handhavandet i samband med ämnesstudierna, men det är först i skolan som man upplever allt omkring en kalvögedissektion: Ska vi verkligen dissekera? Måste man vara med? Usch! Nej aldrig! Jättekul! I en situation som denna och liknande anser jag att tillgången på kompetenta handledare är en absolut nödvändighet när det gäller att hjälpa studenten att läsa av spelet i klassrummet.

Detta leder mig fram till att diskutera lärares kunskapsbaser. Vad behöver en lärare kunna för att vara en bra lärare? En till synes enkel fråga, men vad är svaret? Ett enkelt svar finns inte. En viktig anledning dock till att frågan är så brännande är att frågan "Vad behöver en lärare kunna", omedelbart följs av frågan "Hur skall denna lärare utbildas och vilka skall ha ansvaret för denna utbildning"? Resultatet blir en kompromiss som alltför ofta är följden av en styrkemätning mellan företrädare för olika ämnen och utbildningstraditioner. Frågan "Vad behöver en lärare kunna" hamnar i värsta fall i skymundan.

Det har ju i olika sammanhang klagats på otillräckliga ämneskunskaper, bland annat beroende på att de studerande läste för många ämnen, varför det poängmässiga/tidsmässiga utrymmet ej medgav längre fördjupade studier i något ämne. Det finns alltså ett brett stöd för kraven på att lärare ska ha goda ämneskunskaper. Samtidigt gäller det att i en "tid av brist på tid" få dem pedagogiskt användbara. Shulman talar om: *"That special amalgam of content and pedagogy."*

Frågan är: Under vilka förhållanden sker denna amalgamering på bästa sätt? Är det rentav möjligt att se en ämnesutbildning influerad av perspektiven presenterade i Roberts och Östmans resonemang om kunskapsemfaser?

Undervisningen skulle då bygga på korrekt teori som säker och påbyggbar grund för vidare studier, bl.a. av naturvetenskapens karaktär och förslagsvis naturvetenskap, teknik och beslutsfattande. Borde inte en sådan uppläggning av ämnesundervisning rent av vara ett stöd för den blivande lärarstudenten?

Akvariebygge för vilket ändamål?

Det är inte bara unga oerfarna lärare som påverkas av nya erfarenheter i samband med att de undervisar. Yrkeserfarenheten kan nog bidra till att man har lättare att upptäcka samband och få nya pusselbitar att passa ihop. Låt mig ge ett exempel från min egen undervisning. Denna episod utspelade sig under slutet av en fortbildningskurs i biologi för lärare som önskade bredda sin kompetens i detta ämne. Deltagarna hade framfört önskemål om att få sätta upp ett klassrumsakvarium innan kursen tog slut. Kursdeltagarna, som arbetade i grupper, fick en förmiddag på sig att inreda ett ganska stort akvarium med sand, växter, akvariefisk, eventuella luftpumpar osv. Arbetet fortskred och jag försökte hjälpa de grupper som hade problem. När förmiddagspasset närmade sitt slut, ställde jag frågan: "Nu när ni har ert fina akvarium – hur hade ni tänkt använda det i skolan? Tänk igenom det! Kom med förslag när vi har det avslutande passet!"

Vid den avslutande samlingen gick det ganska trögt. Det kändes nästan lite olustigt. Deltagarna hade märkbart svårt att problematisera och föreslå några praktiska aktiviteter för skolbruk. Plötsligt kom ett oväntat utrop från en glad idrottslärare: "Kolla där! Har ni sett? Vad är det för något?"

Han hade upptäckt ett litet kryp på insidan av akvariet. Efter en stund upptäckte han flera. Han hade inte sett några när de startade akvariet. Det behövdes inte mer. Det räckte med denna spontana fråga för att få igång de andra deltagarnas funderingar och frågor. Men vad var orsaken till att den nästan pinsamma tystnaden bland kursdeltagarna hade förbytts i stor aktivitet som resulterade i en mängd förslag till produktiva frågor, som i sin tur ledde vidare till nya frågor? För att förklara detta lutar jag mig mot arbeten av Eltgeest (Harlen 1986). Eltgeest hade i sin verksamhet funnit att det ligger en fara i lärares sätt att ställa frågor. Vanligt förekommande *varför-*

frågor är ofta för svåra, kanske rentav omöjliga, för eleven att besvara. I stället för att leda samtalet vidare riskerar en för tidig "*hur*-fråga" eller "*varför*-fråga" att blockera tankeutbytet mellan lärare och den lärande.

Anledningen till att kursdeltagarna reagerade så snabbt, och kom i gång med att formulera frågor lämpliga för skolbruk, var troligen att jag tidigare under kursen hade tagit upp och redovisat Eltgeest's arbete som bl.a. innehöll ett schema över olika kategorier av frågor (se tabell nedan). När de väl var satta på spåret genom den glade gymnastiklärarens utrop hade de inga svårigheter att formulera frågor som skulle utgå från akvariet, samtidigt som de skulle vara utformade så att de kunde locka skolelever att arbeta med.

Min tolkning är att Shulman skulle se det hela som ett exempel på "That special amalgam of content and pedagogy". Kursen de deltog i var en ämneskurs i biologi med inlagda pedagogik/metodikmoment. Man får kanske överse med att alla moment inte hade mognat. Amalgamering pågick! Detta kan förklara varför flertalet av deltagarna behövde hjälp för att göra kopplingen mellan akvarium och uppgiften att formulera frågor för fortsatt arbete.

Under mina år som lärarutbildare har jag många gånger tyckt mig märka att även lärarstudenter ofta har svårt att problematisera undervisningsstoffet. Kanske beror det på att den oerfarne läraren (dvs. lärarstudenten) missar att ställa de enkla frågor som en erfaren lärare vid behov kan plocka fram ur sitt privata frågeförråd. Enkla frågor som: Har ni sett? Är de lika stora? Vad tror ni skulle hända om? osv.

I kapitel 2 redovisar jag en episod kring vad som händer när man tänder ett stearinljus. Med detta exempel har jag önskat peka på möjligheten att problematisera vardagsfenomen som sedan inbjuder till nya frågor. Min poäng är i första hand inte att propagera för flera experiment utan i stället peka på möjligheterna att lyssna på eleverna.

Resten av det avslutande passet ägnades åt att sammanställa de olika frågor de kunde tänkas ge till elever med utgångspunkt från arbetet *The right question at the right time* av Eltgeest (1985). Det sympatiska med Eltgeests frågeschema (se nedan) är att det stämmer med det naturliga samtalet i undervisningen samtidigt som det hjälper även en ganska rutinerad lärare att planera och följa upp de frågor som han eller hon vill ta upp.

The right question at the right time

- *Attention-focusing questions*
  (jfr Kolla där! Har ni sett?)

- *Measuring and counting questions*
  (jfr Hur många är det?)

- *Comparison questions*
  (jfr Är dom lika många i dag?)

- *Acting questions*
  (jfr Vad skulle hända om ...?)

- *Problem-posing questions*
  (jfr Hur ska man göra för att ...?)

- *How and why questions*
  (jfr Hur/varför-frågor som kan preciseras).

Enligt min erfarenhet innebär problematisering av stoffet ofta en svårighet för den som är i färd med att lära till lärare. Jag hade trott att uppgiften att sätta upp ett akvarium inte skulle utgöra någon större svårighet för den aktuella studerandegruppen. Att de hade svårigheter att leverera förslag till produktiva frågor kan ha berott på att deras nyvunna kännedom om Eltgeest frågeschema och deras färska kunskaper om akvariet som ekosystem inte hade hunnit reagera/amalgamera/mogna genom praktisk erfarenhet. När de sedan uppmuntrades att plocka fram produktiva frågor enligt Eltgeest's modell hade de hur många idéer som helst. Arbetet med akvariefrågan gav oss därför nya erfarenheter, lärorika såväl för kursdeltagare som för mig. För kursdeltagarna var det värdefullt att få pröva Eltgeest's modell. För mig som kursledare var det värdefullt att få uppleva hur plötsligt en nästan kritisk situation kan vändas till en succé. Vi avslutade dock alla arbetet med ökad *pe-*

dagogical content knowledge (PCK), vilket med svenska termer skulle kunna uttryckas som ökat *ämnesdidaktiskt kunnande* eller *som didaktiskt användbart ämneskunnande*.

I en engelsk text passar PCK in, men inte så bra i en svensk. Har man då ingen lämplig term att tillgå i stället för PCK får man använda sig av svenska språket. Min uppfattning är att *kunnande* är ett ord som passar att använda när man avser lärarkompetens tillkommen genom syntes av olika färdigheter och kunskaper. Kunnande är ju ofta ett uttryck för kompetens, medan kunskap ofta används i betydelsen veta eller känna till.

KAPITEL 6

Lärarutbildning i NO-ämnen vid Lärarhögskolan i Stockholm

För den läsare som eventuellt inte har haft kontakt med dåvarande lärarhögskolan försöker jag kortfattat beskriva några av de delar av verksamheten som omnämns i texten till den avslutande fallstudien. Den verksamhet som jag har varit i kontakt med har gällt utbildningen av lärare för grundskolan och gymnasieskolan. I mitt fall har det omfattat biologi och kemi på låg- och mellanstadielärarlinjerna, ämnesmetodik i biologi på ämneslärarlinjen, enstaka överbryggande kurser i ämnesdidaktik samt olika typer av fortbildningskurser.

Det finns ingen formell utbildning för lärarutbildare. När jag sökte tjänst som lärare i ämnesteori i biologi och kemi var det en ren "ämneslärartjänst" i biologi och kemi. Tjänstgöringen skulle göras på klasslärarlinjen. När jag senare sökte tjänst som metodiklektor i biologi och kemi var den inrättad i huvudsak för att få en lärare som skulle undervisa i metodik på ämneslärarlinjen. Trots att jag har haft en ganska bred tjänst är det bara en del av verksamheten på lärarhögskolan som jag haft kontakt med. Tjänstesystemet har förändrats sedan dess och tjänstebenämningarna likaså.

Ett av många upplevt problem för dem som undervisade på klasslärarlinjen var alla småkurser i ämnesteori. I kapitel 2 är inslaget med Lasse och det brinnande stearinljuset en episod från en grundkurs. Det fanns dock valbara tillvalskurser som kunde ge möjligheter till viss ämnesfördjupning motsvarande 10 poäng. Dessa kurser var eftertraktade av många lärarutbildare. De fick då ofta undervisa i sitt huvudämne. Det fanns tid för ämnesfördjupning för studenterna. Som lärare hade man möjlighet och skyldighet att ställa krav på studenterna. Slutligen gavs det goda möjligheter att under kursens gång lägga in "metodikuppgifter" som passade in i de frågor som kursen behandlade.

Tvärt emot vad man kanske kunde tro innebar de korta ämneskurserna större problem vid planeringen. Man hade helt enkelt för kort tid på sig och ställdes därför inför svåra avvägningar och prioriteringar. Ett annat problem var att den undervisande läraren i regel inte hade någon erfarenhet att arbeta med barn på låg- eller mellanstadiet.

Som lärare i ämnesmetodik, slutligen, tjänstgjorde i regel ämneslärare med erfarenhet av ämnesundervisning på grundskolans högstadium eller gymnasiet. Denna lärarkategori arbetade dels inne på lärarhögskolan där de hade ämnesmetodik med de blivande ämneslärarna dels åkte de under de s.k. praktikperioderna runt i skolorna och besökte sina studenter som de handledde i samarbete med skolans praktikhandledare. Ett flertal av dessa metodiklärare hade även viss undervisning på grundskolans högstadium eller gymnasium för att skaffa sig lite färsk erfarenhet av livet i skolan.

Ämnesmetodiken

Under rubriken: *Experiment och laborativt arbete, vilket värde har det,* har jag skrivit om hur mycket jag och mina kurskamrater uppskattade undervisningen i kemimetodik. Som nyutexaminerad hade man goda tips och undervisningsuppslag med sig i sin lilla ryggsäck när man lämnade lärarhögskolan. När jag senare skulle ta hand om delar av ämnesmetodiken i biologi erfor jag att metodiken i biologi inte var lika självklar som i kemin.

Att starta som lärare i ämnesmetodik i biologi innebar andra problem. Låt mig försöka åskådliggöra det med hjälp av en historia om Sven Thore (disputerad lektor i biologi). Han avskydde alla former av akademiskt snobberi. Vid en lärarutbildarkonferens Göteborg för landets lektorer i de naturvetenskapliga ämnena genomförde den ansvarige lektorn och värden för mötet stolt en presentation av institutionen. Värden, som var en erkänt duktig biolog med olika typer av odlingar som specialitet, visade då upp ett stort antal petriskålar i vilka flöt små ormbunksprotallier. Glada biologer som sluppit undan från konferensen en liten stund flockades livligt kring de i glasskålarna guppande små ormbunksprotallier, när Sven Thore, stillsamt lär ha ställt frågan: "... och det är det här ni i Göteborg tycker att man skall lära svenska folket?"

Det kunde bli väldigt tyst när Sven Thore hade ställt en fråga. Vår käre värd sa några år senare att "Sven Thore hade naturligtvis helt rätt". Det han själv var så skicklig i (att odla fram protallier) som illustration av generationsväxlingen hos ormbunkar var kanske inte ett huvudmoment i utbildningen av svenska mellanstadielärare.

Att arbeta som metodiklärare innebar för biologins del att ha *en idé* och till lärarstudenterna vidarebefordra den om vad som var viktigt. Vidare att klara av att balansera diskussioner om *långsiktiga mål* för biologiundervisningen mot lärarstudenternas legitima önskemål om uppslag till undervisning och *praktiska tips*. I biologin kunde man inte bara "knycka" kemins glada tes: om *experimentet i centrum*. Om man sökte inspiration i den då gällande läroplanen för att komma fram till vad som var viktigt att ta upp inom ämnet biologi möttes man av ganska allmänna skrivningar:

> Genom undervisningen i de naturorienterande ämnena skall eleverna vidga och fördjupa kunskaperna om sig själva, naturen och människans verksamhet.
> (Lgr 80, s. 114)

I samband med ett avhandlingsarbete försökte jag att ge en bild av biologiämnets centrala roll för vår förståelse av vår omvärld.

Biologiämnet intar i detta avseende en speciell ställning genom sin bredd. Å ena sidan ligger det nära ämnen som kemi och fysik både när det gäller ämnestänkande och arbetssätt. Och å andra sidan har det också mycket gemensamt med de samhälls- och beteendevetenskapliga ämnena. Biologins utvecklingsbegrepp är vidare av stor betydelse för livsåskådningsfrågor – och idéhistoriska resonemang. Biologiämnet berör alltså centrala element i den omvärldsorientering som skolan skall ge eleverna enligt läroplanen, och det har nära anknytning till flera av skolans övriga ämnen. Ur pedagogisk synpunkt blir det då också av stort intresse, eftersom det aktualiserar ett brett spektrum av frågor som gäller elevers inlärning och förståelse (Pedersen 1992, s. 4).

Med detta har jag velat peka *på mångfalden av frågor* som kunde komma upp i samband med ämnesmetodik i biologi.

Praktikhandledningens innehåll

De studerandes praktik i skolan har varit organiserad på olika sätt under olika perioder. Fram till slutet på 80-talet använde sig lärarhögskolan av en ganska stabil kader av erfarna lärare som ställde upp som handledare för lärarstudenter på olika skolstadier. Dessa handledare svarade för att studenten fick en fullgod undervisningspraktik samt att studenten fick komma i kontakt med skolans verksamhet i stort. Ett viktigt moment under praktiken var de skolbesök som lärarhögskolans metodiklektorer gjorde för att med student- och praktikhandledare diskutera frågor kring studentens övningsundervisning samt övriga frågor som aktualiserats under praktikperioden. Denna uppläggning av skolpraktiken har ändrats under min tid som pensionär, och de studenter vars synpunkter och problem som jag diskuterar i kommande avsnitt gick på lärarhögskolan under den period då det gamla systemet gällde. Allmänt kan sägas att praktiken skattades högt av de studerande.

När man talar om handledning i samband med skolbesök tänker man sig ofta en diskussion utifrån den åhörda lektionen om hur ämnesstoffet har behandlats, hur experiment har genomförts, vilka resonemang som verkat vara givande, intresset hos eleverna etc. Under många år genomfördes handledningen på det sätt som respektive metodiklektor fann för gott. Jag uppskattar att jag hann handleda i ca 10 år innan det på lärarhögskolan anordnades en kurs i handledningsmetodik för oss metodiklärare. I det följande ger jag exempel på bredden av de frågor som kunde vara aktuella att ta upp i handledningssamtal. Många gånger var just de resonemang som inte var inplanerade av mig som visade sig vara allra viktigast att föra. Handledning är enligt min mening en viktig form för undervisning. Att kunna ge en oerfaren lärare den handledning han/hon bäst behöver är en konst som inte är allom given. Det har nog hänt att skickliga lärare verksamma i grundskolan har övertalats att söka tjänst vid lärarutbildningen men av någon anledning lyckats mindre väl. En orsak kan vara att man inte har gjort klart för sig vad det innebär att vara vuxenpedagog. Här kommer exempel på frågor som tagits upp under handledningssamtal utan att vara inplanerade.

Magnesiumgas eller läs- och skrivsvårigheter

Besök i årskurs 8 i en förortsskola söder om Stockholm. En s.k. 20-grupp skall laborera med syror. En lärarstudent har kommit till skolan och skall ha sin första praktikperiod på skolan. Som praktikhandledare har han fått en erfaren adjunkt, trygg och uppskattad av sina elever. Klassen skall göra försök med syror. Eleverna följer ett av många skolor använt kemiläromedel.

Arbetet börjar med att eleverna i grupper om två får hämta en liten mängd av några svaga syror: äppelsyra, citronsyra, vinsyra samt en liten mängd utspädd ättiksyra. De blir anvisade hur de försiktigt kan få smaka på de olika syrorna.

De antecknar *sur smak* för alla proverna. Därefter skall de lösa upp resp. syra i vatten i ett provrör och pröva med lackmuspapper: Röd färg dvs. *sur reaktion* i samtliga provrör.

I sista fasen av laborationen skall de lägga ned en bit magnesium i varje provrör och därefter täcka öppningen med ett s.k. urglas eller en tumme som lock. Det börjar omedelbart bubbla runt magnesiumbiten, som snart är upplöst.

Slutligen skall de när reaktionen är över tända en tändsticka och föra den mot respektive rörmynning. De flesta grupperna får jubla åt "knallgassmällarna". En stund senare avslutas övningarna med att eleverna får ställa i ordning på sin arbetsbänk och förbereda sig för en genomgång av resultaten.

Lärarstudenten gick igenom vad eleverna hade svarat på frågorna. Sur smak, sur reaktion och det bildades gasbubblor vid reaktionen mellan syralösningarna och magnesiumbandet.

Lärarstudenten vände sig mot de två elever som satt längst bak i salen och frågade:

LS   Vilken gas var det som bildades?
Elev (en av eleverna efter en viss tvekan) *Magnesiumgas.*
LS   (ser tveksam ut och vänder sig sedan mot Ulla, en av klassens "hjälplärare") Vad säger du Ulla?
Ulla *Vätgas*
LS   Ja, just det

Varefter han fortsätter genomgången

Efter lektionen sätter sig lärarstudent, praktikhandledare och jag i egenskap av gästande metodiklektor och diskuterar hur det har gått. I regel får lärarstudenten börja med sina synpunkter. Vi var väl ense om att det hela hade fungerat ganska bra.

Lärarstudenten hade kommit väl förberedd rent ämnesmässigt, hade dukat fram kemikalier och glasvaror osv. Han fick beröm av handledaren att han försökt sprida frågor-na till hela klassen och hade kommit ihåg att ställa fråga även till de två grabbarna längst bak, så att de kände att vi (praktikhandledare och gästande person från lärarhögskolan) hade ögonen även på dem. Han hade rätt att vara nöjd med sin insats.

Svend: "Det är ju så att när man skall hålla lektion för första gången har man väldigt mycket man måste tänka på, som det var för dig i dag. Men jag undrar, hann du tänka något kring varför han svarade *magnesiumgas?*"

Lärarstudenten svarade att nej, det hade han givetvis inte hunnit. Innan han hade svarat färdigt hoppade handledaren in: "Nja Svenne, du känner inte den här klassen, grabbarna är ganska oroliga och dom har läs- och skrivsvårigheter."

Här ingrep handledaren och närmast avfärdade min fråga till studenten. Kanske tyckte han att han borde försvara "sin student". Men mot vad? Var jag bara en okänd figur som kunde misstänkas ha behov av att visa mig på styva linan. Jag hade svårt att tro att jag räknades in bland "hökarna" inom metodiklektorskåren.

Handledaren hade säkert rätt vad gäller killarnas läs- och skrivsvårigheter. Jag gav gärna med mig på den punkten. Likväl var det viktigt för mig att förklara att en elev trots sitt språkliga handikapp hade givit ett förslag till tolkning av ett undervisningsexperiment som var helt logiskt om man utgick från elevernas förkunskaper i kemi.

Det hela beror på om elevgrupperna lyckades få fram knallgassmällarna eller ej! För att framkalla en knallgassmäll fordrades att gasen i provröret innehöll en optimal blandning av luftens syre och den vätgas som bildats vid magnesiumbandets reaktion med resp. syralösning. För att åstadkomma en sådan blandning var man tvungen att täppa till provrörets mynning med en tumme eller genom att lägga på ett urglas som lock. Det är relativt lätt hänt att något går snett och att smällen uteblir. Om så sker händer ser eleverna ingenting annat än att magnesiumbandet går i lösning samtidigt som gasbubblor bildas vid metallytan och stiger upp mot vätskeytan (se fig. 8).

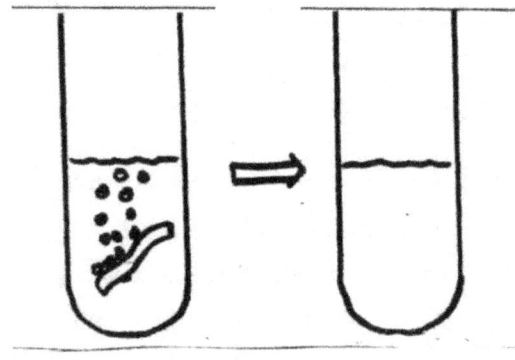

Fig. 8.

Vad är syftet med att låta eleverna utföra detta experiment?

Med tanke på att eleverna inte hade läst så mycket kemi var det knappast möjligt för dem att ge en förklaring att vid reaktionen sker följande: att magnesium går i lösning som (icke iakttagbara) magnesiumjoner samtidigt som (de likaledes osynliga) vätejonerna reagerar och bildar vätgas synligt som bubblor. Vätgasen kan sedan påvisas med hjälp av ett "knallgasprov". Vilken normalt funtad elev i årskurs 8 hade kunnat föreslå detta?

Man skall inte bortse ifrån möjligheten att grabbarnas läs- och skrivsvårigheter inverkade negativt på deras förmåga att hålla reda på olika rör och vilken ordning de olika momenten skulle genomföras. Intressant är att det som felaktigt bedömda förslaget "magnesiumgas" ur elevernas perspektiv var det mest logiska (se figur 8).

Under kort tid har detta kemipass aktualiserat ett antal vitt skilda frågor:

- Hur hanterar man felaktiga elevsvar?
- Eleverna skulle laborera med/undersöka några syror. Vad ville man visa med magnesiumförsöket?
- Hur användbar är den hyllade kemimetodiken vid undervisning i helklass?
- Svårigheten att dra slutsatser kring experiment som kräver viss teknisk skicklighet av eleverna.
- Vad händer med den elev som gör ett ärligt försök att delta i klassrumsdiskussionen men vars förslag inte beaktas av läraren? Elever som fungerar som hjälplärare, behövs de?

Samtidigt som en eller flera av dessa frågor dyker upp skall läraren se till att lektionspasset avslutas i god ordning, vilket bl.a. ställer krav på trygg kemikaliehantering.

Jag inbillar mig att praktikhandledaren och jag inte hade några svårigheter att komma överens. Vi hade varit med om en episod som kunde tolkas på olika sätt. Praktikhandledaren tolkade situationen utifrån sin kunskap om grabbarnas allmänna situation. Jag utgick från vad jag upplevde under lektionen och en viss kännedom om elevers svårigheter att förstå strikt naturvetenskapliga resonemang. Det viktiga var alltså inte för någon av oss att ha rätt *utan att peka på två möjliga förklaringar till episoden vi upplevt.*

Genom exemplet med "magnesiumgas" vill jag också peka på vikten av *samverkan mellan praktikhandledare och metodiklärare för att stödja studenten.* En samverkan som under de längre praktikperioderna kan ha avgörande betydelse för lärarstudentens utveckling. Den episod som diskuteras här var studentens första övning i att "hålla lektion" under överinseende av myndighetsperson (praktikhandledaren). Utan tvivel ett viktigt moment i utbildningen. Det gick bra, men antagligen har han efter denna lektion likväl huvudet fullt av funderingar kring frågor som: Duger jag som lärare? Kommer jag att klara jobbiga elever? Frågor som för en del är fyllda av oro. Frågor som studenten i så fall måste kunna få hjälp att bearbeta

Om du som lärare blev tillfrågad vad som syftet var med att låta eleverna göra experimentet med magnesium hur svarar du då?

Om elevkontakt och om bestämning av blodgrupp
– Barbro

Vi kan kalla henne Barbro, lärarstudent i en åk 8 i en skola söder om Stockholm. Hon är ganska tillbakadragen i sitt sätt och verkar ha svårt att fånga elevernas intresse. Den aktuella klassen har haft ett antal lärarkandidater under de senast åren och verkar ha tröttnat på dessa besök. Handledaren ingriper inte när några ungdomar uppför sig i "fräckaste laget". Efter lektionen diskuterar vi om det är så att vissa elever visar svartsjuka över att handledaren ägnar sig för mycket åt Barbro.

Några dagar senare kommer jag åter på besök för att vara med när klassen skall göra blodgruppsbestämning. Laborationen genomfördes i halvklass och lektionen inleddes med en genomgång av de "ämnen" som reagerar vid blodgruppsbestämning. Tyvärr tog denna inledning ganska lång tid. Eleverna hann nätt och jämt genomföra testen. Resultatet fick tas upp och diskuteras när de hade lektion nästa gång.

Under den korta rasten innan det var dags för nästa halvklass gav jag henne rådet att strunta i teorin: "Rita upp vad de skall göra och koncentrera dig på det synliga resultatet. Ställ frågan om de kan beskriva vad som har skett i de prov där de ser att något har hänt."

Det var inte långt ifrån att de kunde gissa/föreslå att blodkropparna hade fastnat i varandra efter tillsatsen av ett s.k. antiserum. Det viktiga var att de kompletterade sin figur med en anteckning när blodet klumpade sig. I denna grupp av elever var intresset betydligt större och Barbro hann resonera vidare med eleverna om vikten av noggrannhet vid denna typ av arbete inom sjukvården.

Vid det efterföljande samtalet var Barbro och jag överens om att uppläggningen med att minska tiden för inledande teori var den klart bästa varianten. Elevgrupp nr 2 var betydligt mer roade av laborationen och eleverna ställde frågor. Under handledningssamtalet efter lektionen kunde vi konstatera att ofta går det bättre andra gången man genomför en laboration. Grupp 2 hann genomföra bestämningen utan tidspress och hann att se hur blodet långsamt klumpade sig och hade därför en anledning att ställa relevanta frågor. Här kunde vårt handledningssamtal ha slutat om inte jag vid detta tillfälle av vår diskussion frågat hur hon tyckte det gick med eleverna? Då brast Barbro i gråt!

Först förstod jag ingenting utan frågade taffligt om jag råkat säga något dumt? Så var inte fallet, men hon förklarade att hon tyckte att hon hade så svårt att komma i kontakt med ungdomar och att det var en bidragande orsak till att hon sökt sig till läraryrket. Hon hoppades den vägen att kunna bryta detta utanförskap.

Det blev Barbros funderingar som i hög grad fick styra det fortsatta handledningssamtalet. Något år senare hade vi en återträff med den metodikgrupp som Barbro hade varit medlem av. I slutet av kvällen kom hon fram till mig och sa: "Svend, jag tänkte att jag måste berätta för dig att jag har fått tjänst på (skolans namn) och jag tycker det går så bra med eleverna."

Både Arne (se nedan) och Barbro hade duktiga handledare under sin skolpraktik. Vad Barbro beträffar fick hon vid mitt besök ämnesmetodisk handledning som troligen var relevant. Samtidigt var hon mest i behov av ett samtal om sina personliga svårigheter att få kontakt med eleverna.

Att ta ställning till lämplighet hur gör man det?
– Christer

Det var en gång en student som var lite speciell. Han var mycket intresserad av botanik. Hans medstuderande verkade vara trötta på alla hans frågor och debattinlägg. Han verkade ha svårt att förstå att det fanns andra synpunkter än hans. När han kom ut på sin första skolpraktik placerades han hos en mycket erfaren och omtyckt handledare, som känt sig tvungen att med kandidaten ta upp saker som personlig hygien osv. Praktiken genomfördes och studentens praktikplacering under vårterminen bestämdes efter ett antal diskussioner till att bli på en gymnasieskola utanför Stockholm.

Vi var två metodiklärare som skulle handleda honom. Han kunde genomföra alldeles utmärkta lektioner om han ansträngde sig. När jag talade med honom gjorde jag klart att hans förmåga att undervisa var det inget fel på, men att han visade en märklig attityd i vissa situationer. Han förstod att han låg på gränsen till att inte bli godkänd.

Handledaren, en mycket duglig och aktad lektor, och jag gjorde ett gemensamt besök då han undervisade en gymnasieklass. Han genomförde en mycket bra lektion. Detta talade vi också om för honom samtidigt som vi givetvis även tog upp och förklarade varför vi kritiserat hans attityd i vissa frågor. Efter lektionen hade jag ett samtal med rektor om situationen. Efter att alla hade varit med i diskussionen fick jag och min kollega bestämma om han skulle bli godkänd, vilket han också blev.

Någon dag senare satt jag uppe på biologin då problembarnet uppenbarade sig. Han tackade mig för att jag gjort stora ansträngningar för att få fason på honom varefter vi skiljdes åt. Några dagar senare fick vi höra att den nyutexaminerade läraren hade uppfört sig illa vid en tillställning i skolan. Det fanns naturligtvis de som med fog ställde frågan: Hur kunde han släppas ut från lärarhögskolan?

Med facit i hand har jag kommit fram till att det bästa vi hade kunnat göra för att få honom att förstå allvaret i situationen efter första terminen hade varit att "låna över" den kollega som fungerat som praktikhandledare under den första undervisningspraktiken. Denne skulle ju kunna referera till 4–5 veckors samarbete och tidigare diskussioner och därmed ge tyngd åt förekommande kritik. En kommentar från den förste handledaren (av typen: du kommer nog ihåg vad jag sa till dig om ...) skulle förmodligen ta skruv på ett annat sätt än om någon från lärarhögskolan framförde motsvarande kritik efter att ha lyssnat på några undervisningspass.

Tre studenter – tre personligheter – var och en med behov av handledning

Genom att presentera dem mot bakgrund av en episod/berättelse i samband med undervisningspraktik har jag önskat illustrera betydelsen av något som skulle kunna kallas "lärarpersonligheten".

Arne har nyligen börjat på lärarhögskolan och är den yngste. Vi vet inte så mycket om honom annat än att han troligen fått god handledning under sin första undervisningspraktik.

Barbro var i behov av personligt stöd. Skolans utveckling under senare tid har väl visat att vi måste ta vara på de människor som vill bli lärare och göra allt för att hjälpa dem till självförtroende som lärare.

Christer var unik i sitt sätt att vara. Min kollega och jag kände oss lurade. Om man skall arbeta samman på en skola måste man känna tillit till sina kollegor. Tveksamt hur bra det i framtiden skulle gå för honom att samarbeta med kolleger.

Om ärlighet, tillit och uppmuntran vid handledning av osäkra studenter

Utdrag ur handledningssamtal efter laboration i klass 8 som leddes av två studenter, Lena och Maria

Laborationen spelades in på band på två olika bandspelare, A och B. Efter lektionen spelades laborationen upp under handledningssamtalet mellan de två studenterna och Svend P. När studenterna önskade förklara eller kommentera något, stängde de av bandspelare A och deras kommentarer togs upp på bandet i bandspelare B. Genom detta förfarande kunde studenterna eller jag lätt gå tillbaka och försöka förtydliga vad som utspelats under laborationen.

"Laborationen" genomfördes närmast som en militär operation med bestämd ordergivning och efteråt var Lena ganska besviken. Vid något tillfälle kommenterade hon "vad jag skriker". Det var inte så här hon hade tänkt sig att undervisa. Det framgick väldigt tydligt av den fortsatta diskussionen, när praktikhandledare hade varit tvungen att avvika. Plötsligt började studenterna att berätta:

Lena: Jo, som våran handledare då. Han sa ju ingenting. Vi fick börja andra dagen. Då hade jag och Maria lektionerna. Sen gjorde vi så att vi hade varannan helklasslektion och var sin halvklass i varje årskurs 7, 8, 9. Och vi hade ingen elevkännedom ... och Pelle (handledaren) sa ingenting heller efter lektionerna. Han sa knappt nå'nting. Och då kände väl kanske jag ... och Maria och jag gick och mumla för oss själva "kan han inte säga nå'nting. Är det här katastrof eller var det bra?

Jag och Maria fick sitta och handleda varandra. Men sen kom Pelle efter tre veckor och sa liksom att: "Nu tänkte jag börja handleda er. Nu har ni fått känna på det här".

Lena: För nu hade det hänt, jag i 8:an och Maria i 7:an precis samma dag lektionen hade mer eller mindre kanske inte spårat ur. ... ja, det var konflikter som hände.

Då sa Pelle att "Nu vill jag varna er. Är ni så här snälla eller obestämda så kommer det att gå åt skogen för er till slut"! Ni kommer att arbeta ihjäl er och det kommer inte att fungera.

Lena: Och då kände man "men Gud, kunde han inte ha sagt det innan? Man blev ju lite förbannad. Men Gud, kunde han inte ha sagt det innan?"

Jag hade aldrig träffat handledaren Pelle, som säkerligen var en duktig lärare. Däremot hade jag haft Lena och Maria på en didaktikkurs och visste att de hade blivit intresserade av den s.k Reggio Emilia-pedagogiken. Det är troligt att de varit påverkade av denna pedagogik och försökte tillämpa den under sin praktikperiod.

Förmodligen var Pelle ingen större anhängare av denna pedagogik som från början utvecklades inom förskolan och som byggde på att stimulera barnens kreativitet. De klasser som lärarstudenterna mötte var troligen inte vana att arbeta på det fria sätt som Lena och Maria hade tänkt sig, och det uppstod en kollision mellan å ena sidan studenternas osäkra försök och lärarens och klassens sätt att arbeta. Om det var så att studenterna hade en idé om hur de skulle låta eleverna arbeta, då räcker det inte med att efter tre veckor komma med kommentaren att de är för snälla eller obestämda. Problemet var att man inte hade haft en grundlig diskussion, där handledaren gjort det tydligt för studenterna vad som var möjligt och kunnat varna dem för alla felsteg som kunde göras. Metoden att tyst se på när studenterna *körde i diket* innan man ger dem den hjälp de behöver kan visa sig dyrbar och var framför allt inte ärlig. Som student måste man kunna lita på en handledares ord och att han varnar när något håller på att gå fel.

Visst kan det vara lämpligt att låta studenter upptäcka saker och ting själva, men det får inte gå så långt att studenterna lämnas i ovisshet om deras undervisning duger. Handledning av oerfarna studenter kan bara bli riktigt bra om den utgår från ömsesidigt förtroende. Något år efter denna händelse läste jag i dagspressen en artikel om det ökande antalet avhopp från lärarutbildningen och läraryrket. Jag vill minnas att Lena vid detta tillfälle inte arbetade som lärare. Orsaken till det kan jag inte yttra mig om. Vad man däremot kan hävda är att det gäller för lärarutbildningen att sköta om de ömtåliga plantor den fått att vårda.

Att som lärarstudent bestämma agendan

Den lärarstudent som skulle besökas gick sin första termin av två vid ämneslärarlinjen på Lärarhögskolan i Stockholm. Praktiken innebar bl.a. övningsundervisning i NO i grundskolans årskurs 8. När han presenterat sig, började han med att till klassen ställa en allmänt formulerad fråga. Den besvarades av en grabb som (enligt min uppfattning) försökte testa lärarstudenten genom att förlöjliga frågan.

Studenten frågade vad grabben menade med sitt förslag, men då han inte fick något svar tillade han: "Du förstår, jag försöker ta dig på allvar ... (paus) ... men då vill jag också att du ska ta mig på allvar."

Studentens svar hade en direkt märkbar effekt på hur klassen uppträdde i fortsättningen. Man skulle kunna uttrycka det som att studenten med några få ord hade erbjudit eleverna rättvisa regler för hur lärare och elever skulle uppträda mot varandra. Ett erbjudande eleverna snabbt tycktes acceptera. Den blivande läraren visade sina kort och talade därmed om hur han tänkte spela. I det här fallet demonstrerade han (trots att han var där bara som lärarstudent) att det var han som ställde villkoren för undervisningen.

När sedan studenterna skulle placeras på en skola för att fullgöra sin övningspraktik fick de komma med önskemål kring olika frågor som t.ex. skolstadium, undervisningsämnen, rimlig resväg etc. Vår student svarade att han gärna åkte genom hela stan för att komma till en skola där handledaren hade förmågan att se vad som "sker i klassen". Detta önskemål om praktikplacering var så klart motiverat och väl uttryckt att han fick en placering som passade honom. (Han fick också ganska lång resväg.) Denna blivande lärare hörde till den grupp av studenter som visste vad de ville ha ut av lärarutbildningen. Samtidigt som de redan var duktiga lärare hade de en ödmjuk hållning till att lära sig mer och verkade på ett tidigt stadium ha anammat Björn Anderssons tes att *utgå från elevernas utgångsläge.*

Något om en begynnande forskningsanknytning

Under 70- och 80-talet diskuterades i olika sammanhang frågan om de små högskolornas forskningsanknytning. Själv hade jag en lektorstjänst i vilken ingick skyldigheten att bedriva forskning/utvecklingsarbete.

Viljan att bedriva forskningsarbete fanns nog hos de flesta lektorer, men vilsenheten var stor *om inriktning och mål* för forskningsarbetet. Uttrycket "forskningsanknytning" vittnar om det gap som existerade mellan grundutbildning och forskning vid ett och samma lärosäte. Ett gap som alltså borde överbryggas – men med vad? Själv hade jag tidigare sysslat med biologisk forskning kring cellens proteinsyntes. Dock var jag helt utan erfarenhet när det gällde att utreda frågor som var av intresse för oss som lärarutbildare: Frågor som gällde problem kring undervisningen i de naturvetenskapliga ämnena med fokus på elevers lärande och sätt att resonera kring naturvetenskap. Problem som inkluderade även frågor av samhällsvetenskaplig och pedagogisk natur.

Fylld av funderingar efter att ha varit ute och lyssnat på lektionen kring syror fick jag möjlighet att prata med Ulf Lundgren, expert på klassrumsforskning, och vid den tiden professor på Lärarhögskolan i Stockholm. Han var positivt inställd till tanken att inom tjänsten t.ex. som metodiklärare dokumentera kommunikationen i "NO-salen". Samtalet ledde inte fram till något konkret förslag. Förmodligen var jag alldeles för diffus i mina funderingar.

I stället fick jag chansen att medverka i ett projekt, *Didaktik i högskolan,* som leddes av Lars Owe Dahlgren och Roger Säljö från Göteborg. I det arbetet fick jag möjlighet att under handledning av Roger Säljö genomföra en undersökning av lärarkandidaters förståelse av några biologiska grundbegrepp.

När arbetet var genomfört och publicerat gav Roger Säljö rådet att den som var intresserad av att fortsätta liknande studier borde ta kontakt med Ola Halldén vid Stockholms universitet. Ola Halldén hade i samband med sitt avhandlingsarbete arbetat med frågor kring elevers förståelse av evolution. Samarbetet blev på lång sikt ytterst fruktbart även om starten blev något trevande. Vi försökte bland annat ordna en seminarieserie kring "elevers förståelse av naturvetenskap". Till den inbjöd vi dels intresserade lärare bland annat från lärarhögskolan dels forskare från pedagogiska institutionen. Det som vi trott skulle berika diskussionen, nämligen de deltagande lärarnas olika perspektiv på undervisning, verkade samtidigt hämmande. De olika grupperna talade förbi varandra.

Vår slutsats blev att samarbetet borde utformas så konkret som möjligt. Vi valde att i en studie försöka beskriva utvecklingen av elevers förståelse av evolution under det skolstadium (högstadiet) då elever mer konsekvent än tidigare konfronteras med naturvetenskapens sätt att förklara.

Studien genomfördes och finns sammanfattad i en avhandling med titeln *Om elevers förståelse av naturvetenskapliga förklaringar och biologiska sammanhang* (Pedersen, 1992).

Kunskapsområde med relevans för lärarutbildningen

Starten av detta avhandlingsarbete skilde sig radikalt från dagens strukturerade doktorandutbildning. Det handlade närmast om en impulsivt påkommen fritidsforskning kring ett personligt upplevt undervisningsproblem.

En tidig upptäckt var att det fanns utländska facktidskrifter som på teoretisk nivå behandlade just denna typ av problem. Här fanns alltså ett kunskapsområde som lärarutbildare borde ha kännedom om. Ett område fyllt av möjliga forskningsproblem med en inriktning som gjorde dem lämpliga att bearbetas av lärarutbildningen.

Fritidsforskning eller ej, så krävde verksamheten handledning och Ola Halldén ställde upp med ideellt arbete. Ett viktigt mål för de första årens arbete var att få fram ett empiriskt material, i form av elevresonemang som kunde användas som studiematerial i metodikundervisningen i biologi. Tanken på en avhandling dök först upp så småningom varvid Ola Halldéns roll formaliserades.

Om forskande lärare

Det hörde inte till vardagen att "forskande" lärare redovisade sina arbeten inför sina kolleger. Kanske hade vi fått oss en liten "släng av Jantelagen". Många av oss kände oss osäkra i forskningsmetodiska frågor och hade därför ett stort behov av handledning. Vid ett tillfälle blev jag anmodad att hålla en föreläsning om ett arbete "Lärarkandidaters förståelse av några biologiska grundbegrepp", som var mitt första arbete inom ett för många kolleger nytt kunskapsområde. Åhörarna utgjordes av lärarna på ämneslärarlinjen. Intresset för mitt arbete varierade troligen en hel del bland ämneslärarna. Samtidigt misstänkte jag att ämneslärarlinjens pedagogiklärare såg med viss skepsis på en naturvetares försök att beskriva studenters begreppsförståelse. Symptomatiskt var att det var först när artikeln var färdigskriven som jag insåg att jag hade använt mig av det som på pedagogernas fackspråk kallades för kvalitativ analys. Osäker som jag var om det mesta, var jag beredd att få mitt arbete nedsablat (lärarkollegiet var oberäkneligt). Till min stora förvåning upplevde jag ett positivt gensvar från många kolleger. När jag blickade ut över församlingen beredd på kritiska kommentarer från kollegiets specialist på att kritisera obekväma föredragshållare fick jag kanske svar på frågan varför jag undgått kritik: Han hade somnat!

Lärarutbildarna var genomgående mycket engagerade i sitt arbete. Det hände dock inte alltför sällan att man var oense. Relationerna mellan lärare i ämnesmetodik och lärare i allmän pedagogik kunde många gånger vara något spänd. Oftast beroende på att man hade en stark lojalitet (ibland alltför stark) gentemot det ämne som man undervisade i. Det kunde även uppstå oenighet mellan kolleger som undervisade i samma ämne, men med olika pedagogiska ideal och åskådning. Jag minns att jag blev infångad av en fysikkollega som talade om för mig att jag skulle akta mig för ge mig i lag med "Götborgarna" – för då var jag fel ute. Min kollega syftade förmodligen på de grupper som arbetade med ämnespedagogiska problem bl.a. rörande elevers förståelse av fysikaliska fenomen.

För min egen del hade jag stor nytta av de olika kontakter och all hjälp jag fick med forskargrupperna i Göteborg (Ference Marton och hans medarbetare Lars Owe Dahlgen och Roger Säljö), vidare Björn Andersson och hans medarbetare i EKNA-projektet, samt den fascinerande Leif Lybeck som vi under ett antal år anlitade som föreläsare för de blivande ämneslärarna. Jag hade personligen lite svårt att hänga med i svängarna när Leif ökade farten i slutet av föreläsningarna, men jag kommer ihåg att han gav mig en "aha-upplevelse" som verkade som en dörröppnare för fortsatt arbete kring elevers förståelse av naturvetenskap. Detta skedde i samband med att vi hade en studiedag på lärarhögskolan som leddes av Leif. Vid sådana tillfällen hade Leif ofta med sig uppslag till experimentellt arbete. Vid ett sådant "labortivt seminarium" kom Leif med en poäng som totalt överrumplade mig. Han formulerade sig ungefär på följande sätt: "… det viktiga är alltså inte bara vad som händer här" och så pekade han på några akvarier som vi använt. "Det viktiga är vad som händer här uppe" (och pekade med ett kraftigt finger) här i huvudet på eleven."

En biologilärare disputerar i pedagogik

I och med att jag antogs till forskarutbildning i pedagogik vid lärarhögskolan fick jag möjlighet till handledning. Professor Bengt-Olov Ljung blev min handledare vid lärarhögskolan i samarbete med Ola Halldén vid Stockholms universitet. På så sätt fick jag två mycket kvalificerade handledare som kompletterade varandra ämnesmässigt men också som personer. Bengt-Olov Ljung var känd för sin stora noggrannhet vilket skapade trygghet för doktoranden. Ola Halldén hade stor erfarenhet av att arbeta med frågor av den typ som jag intresserade mig för och fungerade därför som något av en "idéspruta" genom sin handledning. Bengt-Olov Ljung sysslade mycket med elevers matematikkunskaper och arbetade i hög grad med kvantitativa metoder, medan Ola Halldén i hög grad använde sig av kvalitativ analys t.ex. av elevers utsagor i samband med undervisning. Efter något år lämnade jag in en preliminär redovisning av vad mina analyser av elevintervjuer och elevuppsatser hade givit. Bengt-Olov hade läst det noggrant och tyckte det var lovande, men var kritisk i ett avseende: Det skulle inte stå "Rapport" på omslaget av skriften. Det var frågan om något som skulle bli en avhandling.

Det hörde inte till det vanliga att någon lärare i ämnesmetodik disputerade. Det var heller ingen vid Ma/NO-institutionen som visste hur det skulle gå till. Personligen var jag heller inte så intresserad av att göra reklam för tillställningen. Jag var nervös helt enkelt. I detta läge var Bengt-Olov Ljung helt suverän. Han rådde mig att gå och lyssna på några disputationer och ta det lugnt för det var ju jag som kunde avhandlingen bäst. Och så fick det bli! Under de samtal jag hade med Bengt-Olov Ljung lärde jag mig att handledningssamtal kan upplevas som ett oumbärligt stöd som krävs för att kämpa vidare när det går lite trögt.

Om bakgrunden till fallstudien Att lära till lärare

Den första kurs som jag undervisade på vid lärarhögskolan var en tillvalskurs i biologi på mellanstadielärarlinjen höstterminen 1970. Dessutom deltog jag tillsammans med ett antal biologilärare och metodiklärare för mellanstadiet i en lägerskola i Sörmland. Under denna vistelse åhörde jag ett intensivt meningsutbyte mellan en biologikollega och en metodiklärare för mellanstadiet. Dispyten gällde om det var biologiskt korrekt att uttrycka sig att "arten hade anpassat sig till viss miljö".

Först tyckte jag att det var en överflödig diskussion men blev efter en tid alltmer nyfiken på de skillnader i sättet att resonera som tycktes ligga bakom olika sätt att uttrycka sig språkligt. Under en kurs i botanik kom frågan upp igen. En student avbröt en diskussion om vissa växters möjlighet att överleva stark kyla genom ärftlig anpassning och invände: "Anpassa och anpassad. Sätt ut en pelargon i kylan så anpassar den sig."

En kort diskussion ledde fram till att jag bestämde mig för att försöka undersöka studenternas förståelse av anpassning genom evolution (ärftlig anpassning). Den studien om lärarkandidaters förståelse av några biologiska grundbegrepp, gav mig svar på några av mina funderingar kring studenters sätt resonera.

Nästa projekt, en undersökning av grundskoleelevers förståelse av naturvetenskapliga förklaringar, gav svar på andra frågor. Erfarenheterna från dessa två intervjustudier fick mig att vilja pröva metoden för att undersöka en fråga som legat och grott under min tid som lärarutbildare.

Frågan var:

Vad sker med studenterna under deras lärarutbildning, i första hand med deras förståelse av den lärarutbildning de deltar i, och hur ser de på "sitt eget lärande till lärare ". Var det möjligt att genom en serie individuella djupintervjuer studera hur blivande lärare uppfattar sitt eget lärande och den egna utvecklingen och därmed kunna bidra till en beskrivning av den egna "vägen mot katedern"?

KAPITEL 7

Att lära till lärare

I de föregående kapitlen (1–6) har jag givit ett antal exempel på olika faktorer som påverkar elevers lärande i de naturvetenskapliga ämnena. Den visar hur lärande kan studeras ur ett antal skilda perspektiv. Jag har valt att diskutera elevers lärande mot bakgrund av undervisningens innehåll, dess begriplighet och arbetssätt. Det som presenterats har varit olika exempel på didaktiska undervisningsproblem. Däremot säger studierna ingenting om hur våra blivande lärare klarar att lösa mer komplexa uppgifter som kan tänkas uppstå.

Med avsnittet *lära till lärare* kommer jag in på ett område som är svårt att definiera och avgränsa, men som ändå berör något väsentligt nämligen "hur fungerar studenten i klassrummet tillsammans med elever och hur klarar han/hon undervisningen"? Skulle detta vara något som diskuteras t.ex. vid ett föräldramöte skulle nog de flesta deltagare nöja sig med ett klart besked av typen "han/hon är duktig på att undervisa och får eleverna intresserade". För lärarutbildningen handlar det dessutom om att få fram vad som är studentens starka respektive svaga sidor för att beskriva studentens kunnande.

Exempel på forskning kring lärarutbildning

Två engelska forskare, Calderhead och Shorrock, har intresserat sig för forskningen kring lärarutbildning, vilka frågor som ställts och ytterst vilka olika teoretiska perspektiv som varit gällande för denna forskning.

Att lära till lärare genom lärarutbildning

Klassrummet nästa

En säger att man skall göra så när man undervisar- en annan säger något helt annat.

Det skall bli skönt att få egna klasser så att man kan välja sätt att jobba själv

Enligt Calderhead & Shorrock (1997, s. 12–17) tenderar de senaste decenniernas lärarutbildningsforskning att gruppera sig kring fem modeller som lägger huvudvikten vid skilda aspekter när det gäller att lära till lärare.

- The enculturation or socialsation into the professional culture model.
- The technical or knowledge and skills model.
- Teaching as a moral endeavour.
- The close relationship between and the professional in teaching.
- Reflection.

Calderhead & Shorrock anser att det faktum att olika forskare arbetar från så skilda perspektiv har sina nackdelar på så sätt att det resulterar i en splittrad och dåligt organiserad kunskapsbas för att förstå lärares tidiga professionella utveckling. Deras egen studie redovisar en bred undersökning där de med hjälp av longitudinella fallstudier utgått från ett mer sammansatt perspektiv i syfte att studera samverkan mellan olika faktorer av betydelse för de blivande lärarnas personliga utveckling. Vi ansluter oss till synpunkterna framförda av Calderhead & Shorrock om behovet av att förstå lärarutbildning som en komplex process, vilken för lärarkandidatens del innebär ett lärande på flera plan. I slutänden handlar det för studenten bland annat att ta ställning till vilka av lärarutbildningens olika budskap som är förenliga med hans/hennes pedagogiska åskådning och vad som är praktiskt och möjligt att genomföra.

Fallstudiens syfte och uppläggning

Vad gäller vårt projekt på lärarhögskolan handlar det helt enkelt om ett försök att redovisa hur *två lärarstudenter, som var och en på sitt sätt* har utvecklats i mötet med lärarutbildningen, resonerar kring sin utbildning och sitt eget lärande. Dessa två fallstudier beskriver några av de svårigheter de studerande ställs inför under sin utbildning. Fallstudierna innebär även en granskning av lärarutbildningens starka respektive svaga sidor. De två studenterna ingick i en grupp om 10-tvåämnes studenter som alla deltog i intervjustudien.

Här följer en skildring av två blivande grundskollärare som jag följde under 4 års lärarutbildning. De två studenterna, Berit och Anders, var antagna till grundskollärarutbildning som två-ämneslärare med idrott som huvudämne och biologi som andra ämne. Det var som lärare i olika biologimoment som jag fick kontakt med studentgruppen. Utbildningen administrerades dels av lärarhögskolan, dels av aktuella fackhögskolor. De praktiskt-pedagogiska delarna sköttes av lärarhögskolan, som också hade ansvaret för en 20-poängskurs i biologi. Studierna i idrott, alternativt musik, administrerades av respektive fackhögskola. De praktiskt-pedagogiska perioderna inföll tidsmässigt dels i mitten av utbildningen (kortpraktik), dels under den avslutande terminen (långpraktiken). Under deras studietid gjorde jag ett antal bandinspelade intervjuer med varje student kring studieval, pedagogiska förebilder, elevers lärande och erfarenheter av lärarutbildning. De första intervjuerna syftade till att ge en bild av respektive students utgångsläge inför lärarutbildningen och har sammanfattats kring *två huvudfrågor:*

1. Vad som gjort att de sökt lärarutbildning?
2. Studenternas syn på skolans naturvetenskapsundervisning?

De två studenternas tidiga pedagogiska åskådningar

SAMMANFATTNING 1. Vad var det som gjort att Anders och Berit sökt in på lärarutbildningen? Vilka pedagogiska förebilder de haft?

Anders: Redan som pojke var Anders mycket intresserad av idrott. Idrottslärare tycktes vara ett idealjobb. Enligt Anders är det möjligt för en lärare i det ämnet att ha en annan, särskild typ av kommunikation med elever och det var helt naturligt för honom att söka lärarutbildning i det ämnet och kombinera det med biologi efter om det är en sådan "bra ämneskombination".

Under sin militärtjänst tjänstgjorde han under en period som instruktör för ambulanspersonal. Han blev intresserad av undervisningsfrågor. Den första dagen på lärarhögskolan fick alla besvara frågan vad som är utmärkande för god undervisning i naturvetenskap. Han svarar: Teori blandat med många intressanta experiment.

Anders minns två förebilder. En idrottslärare som inte bara brydde sig om de duktiga eleverna utan lyckades motivera alla att göra sitt bästa. Den andre var en biologilärare i gymnasiet som lyckades göra enkla experiment som illustrerade vad de hade diskuterat teoretiskt.

Anders hade ingen erfarenhet av att arbeta med ungdomar förutom en uppgift som extra tränare och domare i fotboll, en uppgift som kräver kommunikation.

Berit: Berit började studera naturvetenskap enligt biologiprogrammet. Hon hade tänkt sig läsa naturgeografi men var inte säker på att hon skulle få användning av sin utbildning för att få arbete. Hennes mor var klasslärare. "Jag har alltid sagt att jag inte vill bli lärare ... men det har alltid legat i luften, intresset för pedagogik. Jag är fascinerad av växelspelet mellan människor som vet något och människor som inte vet så mycket men kanske på ett annat sätt. Sedan undrar jag hur många av lärarkandidaterna vars föräldrar själva är lärare."

Berit tycks ha haft två stycken idrottslärare och en biologilärare som förebilder. Under hennes lektioner var det kanske lite mer undersökning, men jag kommer inte ihåg vad vi gjorde.

Berit har haft en viss kontakt med ungdomar genom att vara aktiv i en fältbiologisk förening. Berit säger sig vara intresserad av olika sätt att undervisa. Hennes ideal som lärare är mer som en handledare och hon är *kritisk mot lärare som bara står upp och berättar.*

SAMMANFATTNING 2. Anders och Berits syn på skolans naturkunskapsundervisning.

Anders: Anders kommenterar lärarens förmåga att intressera barnen med roliga och förståeliga experiment och hitta den rätta nivån på teorin, och att hon bemötte barnen på ett positivt sätt. Han uttryckte under intervjun att en bra lärare är en guide och en handledare som låter barnen själva hitta vägen till kunskap.

Anders menar att ett bra sätt att lära sig naturvetenskap är att börja med experiment. Eleverna kommer att bli intresserade och om du ger dem ett problem vill de söka efter svaret. Viktigt att låta elevernas egna frågor hjälpa dem att se större helheter.

Kommentar: När de (lärarstudenterna) ombads beskriva vad de önskade göra i sin egen framtida undervisning ville de alla finna annorlunda och mer intressanta undervisningsmodeller.

Berit: Berit upplevde situationen i videon som ganska onaturlig: "i verkligheten har man aldrig en sådan liten grupp utan en samling av 28 skrikande ungar."

Angående lärande: Ett sätt att lära sig är att undersöka någonting och därmed kanske komma i kontakt med teoretisk kunskap. Om experimenten är så konstruerade som de var när hon gick i skolan kan de inte betraktas som experiment men de är ändå bättre än att bara sitta där och läsa.

Berit och Anders börjar sin lärarutbildning

De studenter vars start på lärarutbildningen jag redovisar var naturligtvis olika som personer vilket mycket väl kan påverka deras situation i skolan. Den första individuella intervjun avsåg att låta studenten presentera bakgrunden till studie/yrkesval, se sammanfattning 1. Studenternas syn på skolans NO-undervisning redovisas i sammanfattning 2.

Anders och Berit påbörjar sin lärarutbildning ifrån olika utgångslägen. Båda är intresserade av pedagogik och har funderat kring kunskaper och lärande. Berit påverkad av samtal inom familjen och Anders influerad av erfarenheter i samband med fotboll och militärtjänst. De hamnar i olika skolor med olika historia. Slutligen blir de var och en tilldelad en praktikhandledare där valet av handledare kan vara av stor betydelse för den blivande läraren. I regel är skolpraktiken den del av lärarutbildningen som uppskattas mest av studenterna. I slutet av den är det ju meningen att studenten skall ta stort ansvar för sin undervisning. Allt för att ge dem en någorlunda riktig bild av lärarjobbet

Inför slutpraktiken uppmanades studenterna att snarast ta kontakt med respektive praktikhandledare när studenternas praktikplacering var klar. Detta för att student och praktikhandledare skulle kunna få tid till gemensam planering. När man bestämt vilka moment studenten skulle undervisa i var det meningen att studenten skulle presentera sin planering för mig. Under denna termin hade jag ingen undervisning med dessa studenter. Däremot skulle jag komma ut och eventuellt spela in det undervisningsmoment som studenten hade planerat. Min roll var att dokumentera deras arbete med eleverna.

Berit skriver efter den första undervisningspraktiken:
Hon blev övertalad att bli min handledare. Trots att hon inte hade varit handledare förr och inte hade fått någon utbildning eller handledning. Som handledare var hon inte alls bra. Hon var inte intresserad att dela med sig hur hon gjorde saker. Hon bara fortsatte. Hon var inte intresserad av vad jag gjorde. Det var svårt. Jag tyckte inte jag kunde tvinga henne att ge mig en massa feed-back som jag kände hon inte ville ge. Men hon var mycket trevlig som person. Jag lärde mig en massa genom att se henne i aktion. Verkligheten som jag mötte var 25 elever i puberteten. De flesta av dem mest intresserade av varandra eller personer utanför klassrummet. Aldrig ett ögonblicks tystnad – mycket prat från lärarens kateder.

Berits funderingar inför fortsättningen:
"Nästa skolpraktik skall jag se till att jag får göra", "Nästa gång tänker jag göra vad jag vill", "Har jag haft tillfälle att pröva saker", "Nästa gång tänker jag göra något vettigt av det."

Berit var ganska tveksam till hur hon skulle planera för slutpraktiken särskilt hur hon skulle undervisa i genetik i åk 9. Tveksamheten gäller såväl innehåll som arbetssätt.

"Genetik i åk 9, det är vad jag tänkt mest på. Det är så mycket och allting så luddigt så jag vill åka till skolan först och se mig omkring vilken karaktär

... och så hur mycket och hur länge. Så jag tror inte jag kan göra detaljerade förberedelser för enstaka lektioner. Jag har tänkt på vad jag skulle vilja ha med."

Berit försöker komma underfund med existerande rutiner på skolan och de pedagogiska idéer hos hennes framtida handledare som hon inte tycks ha förtroende för. Det låter som: "... vi följer boken precis och vi utvärderar på detta sätt ... och så ... men naturligtvis så kan du göra som du vill."

Anders skriver efter sin första praktikperiod i årskurs 6:
"Uppriktigt måste jag säga att jag är nöjd med min första riktiga skolpraktik. Med fria tyglar fick jag chansen att experimentera på det sätt som jag menar att undervisning skall ske. Den spontana reaktionen från barnen var positiv, vilket jag menar är det allra viktigaste. Glädjen fanns där både för barnen och för mig. Emellertid, jag saknade riktig handledning från min handledares sida. Men det är troligen så som det är. En del mellanstadielärare saknar tyvärr tillräcklig kunskap i biologi för att kunna fungera på ett tillfredsställande sätt som handledare i detta ämne. Vi har faktiskt större kunskap än de, vilket försätter dem i en situation som de inte är vana vid."

Anders planering av undervisningen som han skall ha under slutpraktiken:

- Utgångspunkten är att hitta en metod som stimulerar eleverna att vilja lära. Hitta vägar som säkrar att ämneskunskapen passar in i ett vidare hälsoperspektiv. Vikten att ta hänsyn till elevernas idéer. Jag vill veta vad de kan i åk 8. Betydelsen av att låta eleverna reflektera kring sin egen förståelse.
- Hitta sätt som gör det möjligt för eleverna leda/guida honom som lärare. T.ex. låta några elever presentera en bild av hur de tror att ett hjärta ser ut och hur det fungerar.
- Sedan en film innan de återvänder till deras egen bild.
- Avsluta genom att låta eleverna ändra sin ursprungliga teckning av hjärtat.
- Ambition att låta frågor från eleverna vara ledande för val av ämnesinnehåll.

- Betydelsen av att anpassa till hans handledares arbetssätt för att inte förvirra eleverna.

Inför den avslutande skolpraktiken

Till att börja med kan man konstatera att bägge studenterna var missnöjda med den handledning de fick under sin första egentliga skolpraktik. Det kan finnas flera skäl till det. Vad jag kommer ihåg startade grundskollärarutbildningen i motvind bl.a. på grund av bristande tillgång på handledare, ouppklarade avtalsfrågor osv. Vidare tillsattes praktikplatserna på skolnivå och inte på individnivå. Det gamla systemet på ämneslärarlinjen och klasslärarlinjen möjliggjorde att metodiklärarna väl kände till handledarkadern och hade vissa möjligheter att påverka placeringen av studenterna. Även om vi hade många mycket kompetenta handledare kunde de sinsemellan vara mycket olika som personer. Placeringen av de blivande lärarna gjordes av kansliet, ofta i samråd med metodiklärarna på lärarhögskolan för att undvika placeringar som riskerade fungera mindre bra.

Anders beklagade att han saknade handledning men hade en genomtänkt pedagogik som han prövade utan handledarens hjälp, vilket säkerligen stärkte hans självförtroende.

Berit hade behövt en handledare. Av de första intervjuerna framgår att hon var mycket tveksam inför lärarutbildning. Hon förväntade sig troligen stöd och hjälp från lärarhögskolan, men fick i stället en praktikhandledare som hon uppfattade inte ville dela med sig av sin erfarenhet. Hon säger visserligen inför slutpraktiken att hon skall vara med och påverka hur hon skall arbeta, men hon tvekar när det kommer till kritan. Varför denna tvekan? Min uppfattning är att här kan ämnesinnehållet spela en avgörande roll för huruvida studenten klarar att planera undervisningen, så att den blir intressant för eleverna vilket ofta uttrycks som att något var roligt. Det visade sig att även andra studenter som skulle undervisa i biologi ansåg att avsnitten om ärftlighetslära och evolution var svårare än avsnitten om hjärta och blodomlopp. Det kan därför vara på sin plats att göra en jämförelse mellan dessa två arbetsområden i biologi.

Hjärta, blodomlopp och andning utgörs av ett ämnesområde med en stark inramning och kan illustreras med en enkel modell i vilken hjärtat fungerar som en pump. Denna pump får blodet att cirkulera i ett dubbelt kretslopp. I det ena kretsloppet passerar blodet lungorna där blodet syresätts och i det andra kretsloppet avger blodet syre och näringsämnen till övriga vävnader. Denna modell av det dubbla kretsloppet kan användas som teoretisk ram för att förklara resultat av enkla elevexperiment. Man kan t.ex. mäta pulsen i vila och jämföra den med pulsen efter arbete. Detta ämnesområde är förhållandevis enkelt att avgränsa och planera. Man arbetar med konkreta frågor och man kan ofta relatera stoffet till fenomen som eleverna känner till.

Exemplet Vitalkapacitet (här förenklat till lungvolym)

I de flesta skolor finns en s.k. spirometer med vilken man kan mäta den s.k. vitalkapaciteten som ett ungefärligt mått på lungvolymen. Det finns små och behändiga spirometrar ungefär lika stora som en tekopp. I ingångshålet sätter man ett litet pappmunstycke som sedan försökspersonen får blåsa i varefter man kan avläsa ett värde på vitalkapaciteten. Har man exempelvis 4 spirometrar kan eleverna arbeta i lika många grupper. En alternativ uppläggning är att använda sig av en äldre typ av spirometer som placeras framme vid katedern synlig för alla eleverna. När någon blåser in luft i spirometern reser sig till allas förtjusning ett upp och nervänt plåtkärl på vilket försökspersonens "lungvolym" kan avläsas. Eftersom alla inte kan vara framme vid katedern samtidigt kan man t.ex. ställa upp dem i ett led där den kortaste eleven får starta och de längsta kommer sist. Genom att registrera elevernas respektive lungvolm i ett koordinatsystem där värdet på y-axeln anger lungvolym och där x-axeln anger elevens nummer i elevledet brukar man få fram en kurva där volymen stiger med kroppslängden. Genom detta upplägg har hela klassen fått arbeta dels med en individuell undersökning kring deras vitalkapacitet dels med frågan om det finns ett samband mellan kroppslängd och vitalkapacitet och kanske även diskutera orsaker till eventuella avvikelser. Här kan man ju lätt komma in på frågor t.ex. om sjukdomen KOL. En fördel med att välja "den gamla plåtspirometern" är att det *gemensamma arbetet brukar ge upphov till frågor från eleverna.*

Genetik

Genetik utgör ett exempel på ett komplext ämnesområde som studeras på olika nivåer allt ifrån organismnivå och cellnivå ner till studier av molekylära förlopp. Att innehållet i genetikundervisning har en mindre stark inramning innebär möjlighet att pröva nya kursuppslag samtidigt som man måste ha klart för sig att kursutveckling kräver ämneskunnande.

Figur 11 avser att visa skillnaden mellan det starkt inramade undervisningsmomentet om hjärta och blodomlopp med det svagt inramade momentet om genetik. Hjärta och blodomlopp utgör en berättelse om några inre organ, hur de samverkar vid andning, syreupptagning etc. på cellnivå/organismnivå. Motsvarande bild för genetikens del följer ganska väl förekommande lärobokstexter, men det är säkerligen svårare att göra viktiga sammanhang tydliga och intressanta. För att åstadkomma spännande redovisningar eller fascinerande texter krävs att den undervisande läraren själv förmår att göra några viktiga inramningar genom att ställa några viktiga frågor som eleverna kan arbeta med.

Ett problem med genetikundervisning är alla främmande termer som amvänds. Samtidigt är de mycket användbara som viktiga tankeinstrument för molekylära förklaringar. Om man förstått innebörden av t.ex. termen "messenger-RNA", då är man på väg mot förståelse av cellens biologi.

> An explanation of the mechanism of heredity introduces novel action and novel entities. A mother and a father passing characteristics to their child turns into a story about a molecule, DNA, which can make copies of itself. (Ogborn et al. 1996)

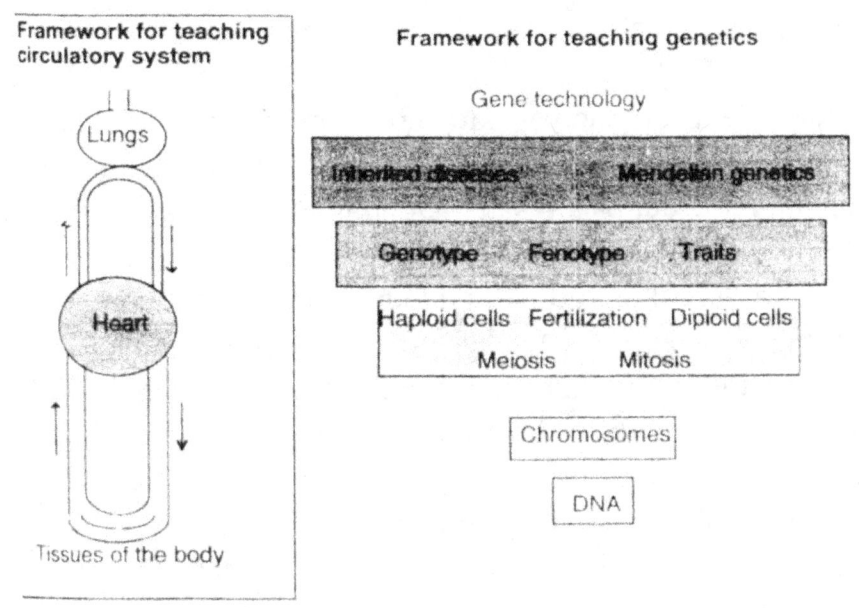

Fig. 11.

Att undervisa i genetik innebär bl.a. att välja stoff. Lärarens val av undervisningsinnehåll måste bygga på en idé om vad som är viktiga frågor att behandla. Vidare måste den undervisande ha en känsla för vad som är en lämplig teoretisk nivå. Är det en lärarstudent som undervisar måste han/hon ha tillgång till en praktikhandledare med ett ämneskunnande. Detta för att kunna hjälpa lärarstudenten att problematisera undervisningen så att eleverna blir intresserade. Berits allmänna försiktighet får till resultat att hennes planering saknar exempel på intressanta biologiska problem. Hennes förslag blir en lista på saker man kanske kan ta upp i undervisningen.

Berit säger: "det är svårt att göra något konkret – du vet, någonting roligt". Om man går igenom de experiment eller praktiska undersökningar som kan genomföras i åk 9 så finner man ett antal disparata aktiviteter utan klart samband:

Det är möjligt att framställa ett DNA-extrakt ur mjölke.
Celldelningar och kromosomer från växtceller kan studeras under mikroskop.
Skillnaden i ögonfärg hos människa kan studeras direkt i lektionssalen.

123

Klyvningstal kan aktualiseras utifrån studier av majskolv.

En annan lärarstudent som jag besökte under långpraktiken beklagade sig över att det var svårt att hitta på lämpliga experiment när man undervisade i genetik. Han uttryckte det på sitt sätt: "Det blir så långa transportsträckor mellan det som är roligt."

Problemet är att få till en röd tråd i undervisningen som väcker elevernas intresse och frågor om arvets natur. De praktiska övningarna får närmast tjäna som illustrationer till olika resonemang som förts kring ärftlighet. Jämför Millars resonemang (Millar 1998) om att den laborativa verksamheten i första hand kan ses som en *strategi för att åstadkomma kommunikation* kring naturvetenskapliga förklaringsmodeller. Ofta bevisar inte "experimentet" särskilt mycket. Millar menar i stället att det handlar om att överbrygga gapet mellan observerbara fenomen och naturvetenskapens teorier.

Berit tillhörde den grupp av studenter som betonar att söker man lärarutbildning så har man också rätt att kräva att få lära sig något. Hon försökte skaffa sig information om hur skolan fungerade och målet för undervisningen. Det är därför inte någon lätt situation för en oerfaren student att komma till en skola och försöka förstå hur rutinerna fungerar om man möts av stoppskylten:

> Vi följer boken och vi utvärderar på detta sätt, men naturligtvis kan du göra som du vill.

Hur gick det då på långpraktiken för Anders

Lektionen om hjärtat och blodomloppet som Anders tidigare hade planerat hölls i stort enligt planen. Dock startade den under smått tumultartade förhållanden. Elektriciteten strejkade i lärosalen och tekniker tillkallades. Anders hade behov av fungerande elektricitet både för att kunna visa stordia och för att visa film om hjärtat. Han uppträdde helt lugnt och konstaterade att då fick han rita på tavlan i stället. Han ritade en skiss på tavlan som påminde om den i figur 11.

Han fick då genast ett påpekande från en grabb: "Den där har vi ju redan sett förra gången."

Anders: "… men det är ju det som är själva grejen! Vi behöver den i dag också."

Eleverna fick sedan i uppgift att göra en teckning av hur ett hjärta såg ut och skriva ned dess huvuduppgift. Efter en stund fick de till uppgift att föreslå för Anders hur han skulle göra en teckning på tavlan som också visade hur hjärtat fungerade.

I det ögonblicket insåg Anders att eleverna hade tolkat uppgiften på ett annat sätt än hade tänkt sig. I stället för en figur som visade insidan av hjärtat och som förklarade dess funktion hade eleverna ritat teckningar av hur de trodde hjärtat såg ut på utsidan.

Anders: "När jag skulle förbereda lektionen … trodde jag att de skulle visa en figur från insidan därför det är ju det som alltid finns i läroböckerna. Man ser ju inte ofta teckningar från utsidan med kranskärl. Jag blev lite förvirrad … det var ju ganska kul."

Anders upplevde också att det var mycket svårare än han trott att få dem att beskriva hur jag skulle rita på tavlan. Han tvingades att improvisera och ge viss hjälp. Anders befann sig i en komplex pedagogisk situation och var tvungen att anpassa sig inte bara gentemot vad han tolkar som *ovana hos eleverna att rita vad de tror* men också gentemot *upptäckten av elevernas alternativa tolkningar av uppgiften*. Han upplevde också *hur svårt det är att kommunicera verbalt kring bilder*. Han är dessutom inbegripen i ett *allvarligt spel om ordningen* i klassrummet, där hans *förmåga att komma till tals med ungdomar* är ovärderlig.

Efter det att de tittat på en video om hjärta fick eleverna i uppgift att komplettera eller ändra sin ursprungliga figur av hjärtat.

Slutligen när det återstod 7–8 minuter av lektionen fick eleverna i uppgift att alla mäta pulsen, skriva ned det uppmätta värdet och spara pappret och spara det till en kommande idrottslektion. Detta sista moment var inte inplanerat i hans lektionsplan utan var mer en reservuppgift som han räknade med skulle hålla eleverna sysselsatta i god ordning lektionstimmen ut. Han avvek från sin ursprungliga plan att formulera vad de hade lärt sig. Han gav i stället eleverna en ny uppgift för att hålla klassen i ordning. Han prioriterade "classroom control" i detta läge. I samband med diskussionen om syror (Magnesiumgas eller läs- och skrivsvårigheter) har vi konstaterat hur snabbt det kan uppstå komplexa situationer. Anders lyckades med konststycket att reda ut allting själv på ett ganska imponerande sätt.

Hur gick det då på långpraktiken för Berit?

Berits plan: en konventionell uppläggning av en genetikkurs:

- En kort introduktion kring det de diskuterat vad gäller ärftlighet.
- Presentation av några enkla korsningsscheman.
- Genetiken bakom könsbundet arv.
- Praktiska undersökningar kring några egenskaper som kan relateras till dominanta eller recessiva alleler.

Efter att i början av en lektion ha klarat av några rutinärenden frågade Berit om de kom ihåg vad de pratade om föregående lektion. Svaret blev ett allmänt mummel

Berit: "När jag frågade dem vad vi gjorde förra gången ... (för sig själv ... å en sån tråkig fråga), då vänder de sig bara om och bryr sig inte. För mig är det helt klart att vi kommer att repetera där vi slutade förra gången så att vi alla kommer ihåg ... (det är så tråkigt). Kanske kommer man som elev inte ihåg. De har inte det där ... som lärare hade jag trott att jag var tvungen att jag var tvungen att fortsätta från det stället. ... det gör inte det ... de tänkte väl ... vi hade geografi förra lektionen ... eller något sånt."

Kommentar: Berits spontana kommentar visar vilket behov hon måste ha haft av en samtalspartner vid planeringen av de frågor hon ville ta upp. En erfaren handledare hade säkert kunnat hjälpa henne med förslag till hur de bäst kunde formuleras.

Berit hade säkerligen förberett sig med ett antal frågor kring moment som hon kunde tänkas ta upp till diskussion med eleverna. Problemet är bara att eleverna inte svarar på hennes inviter. Det kan ha berott på att frågorna var oklara för eleverna, eller nonchalans från elevernas sida. Elevernas tjuriga tystnad hjälpte henne heller inte att finna en fråga som kunde utgöra en start på en seriös diskussion. Eleverna nonchalerade henne på ett sådant sätt, att man måste ställa sig frågan i vilken slags arbetsmiljö de normalt bedrev sitt arbete i skolan.

Många oerfarna lärare har nog upplevt att får man inte med sig eleverna i en diskussion tenderar man att skruva upp tempot i hopp om att försöka fånga deras intresse med en ny fråga/nytt problem. Följden kan bli att ingenting tas upp ordentligt.

Det var väl det som drabbade Berit och hennes klass. Berit talade om för eleverna att de skulle prata om hur gener ärvs och började berätta för eleverna om de olika färger som finns bland ärtväxternas blommor. Hon avbryts av en elev som frågade: "Pratade vi inte om människor?"

Berit: "Jo, men nu pratar vi om växter! Vi har alla (gener?)."

Elevens fråga tyder på att begreppet gen för eleven var något som var kopplat till människan och därför oklart för honom. Berit tog inte upp elevens fråga. Förmodligen var hon pressad och ville gå vidare till en aktivitet kring korsningsscheman.

Hon fortsatte redogöra för dominanta och recessiva alleler. Efter att ha visat hur man sätter upp ett korsningsschema ägnades 8–10 minuter åt att tillämpa denna metod på olika problem.

Berit: "Det, tycker jag fungerade ganska bra. Åtminstone i den här klassen. Att gå fram och rita och göra sådana saker, men man borde göra det en längre stund men sedan är lektionen över ... för att om du skall lära dig det ... öva det lite. Jag tycker det känns frustrerande."

Därefter spenderade Berit 5 minuter åt X- och Y-kromosomerna och deras betydelse för vilket kön en nyfödd baby får. Till slut lät hon eleverna genomföra undersökningar beträffande människans egenskaper. De fick iaktta varandras ögonfärg, form på näsan, form på öronen och förmåga att rulla tungan. Hon kommenterade den sista uppgiften: "Meningen är ju att få dem att tycka det är roligt ... menar jag och dessutom om det är möjligt att dra slut-satser om några egenskaper är dominanta, eller om du kan se att de är do-minanta ... att de flesta människor har en särskild gen ... Kanske diskutera inavel".

Berit gjorde alltså ett tappert försök att starta undervisningen i genetik med att fråga eleverna lite om vad de kände till om ärftlighet. När klassen inte svarade positivt på denna inbjudan, hade hon förberett ett stort antal genetikmoment som sedan behandlades på kort tid. Bäst fungerade elevernas arbete med korsningsscheman. Ett arbete hon gärna hade ägnat mer tid åt än 8–10 minuter.

Huvudintrycket efter att ha läst igenom de resonemang som förekom i klassen är att lika väl som Berit borde haft hjälp med uppläggningen av genetikavsnittet var hon också i behov av stöd för att komma till tals med eleverna. Mitt minne är att åtminstone några uppträdde ganska nonchalant. Kanske gjorde de så även gentemot handledaren. Att som lärare känna att man inte har den där glada kontakten med eleverna är många gånger klart deprimerande. Här skulle man kunna tala om ett utanförskap som måste vara svårt att bära. *Berit* såg den sista skolpraktiken som något som hon var tvungen att överleva. Under den sista diskussionen jämförde hon sina erfarenheter som bussförare under semestertid med sina nya erfarenheter som lärare: "Det har förekommit en diskussion i media om det svåra och utsatta jobbet som bussförare. Ibland tycker det är himmelriket jämfört med jobbet som lärare."

Exempel på faktorer som påverkar utfallet av studenternas lärarutbildning

I figur 12a och12b har jag sammanställt några av de faktorer som troligen varit av betydelse för utfallet av lärarutbildningen för Anders (sammanfattad i figur 12a) och Berit (sammanfattad i figur 12b)

Figur 12a kan läsas på följande sätt: Anders börjar utbildningen (längst ned till vänster) med klara pedagogiska idéer och starkt självförtroende. Han

fick ett väl avgränsat ämnesområde att undervisa om. Han upplever första undervisningspraktiken som positiv trots att han saknat bra handledning:
– Den vaga handledningen gav honom möjlighet att pröva egna idéer.
– De positiva erfarenheterna stärkte hans självförtroende ytterligare.

Med positiva erfarenheter av första skolpraktiken och ånyo placerad på skolpraktik med vag handledning planerar han åter efter eget huvud. Han fick undervisa om hjärta och blodomlopp – ett ämnesområde med stark inramning. Han genomförde sin planerade lektion på ett föredömligt sätt. Lektionen har redovisats under rubriken "Hur gick det då på långpraktiken för Anders". Om man för motsvarande resonemang för Berits del får man ett annorlunda utfall.

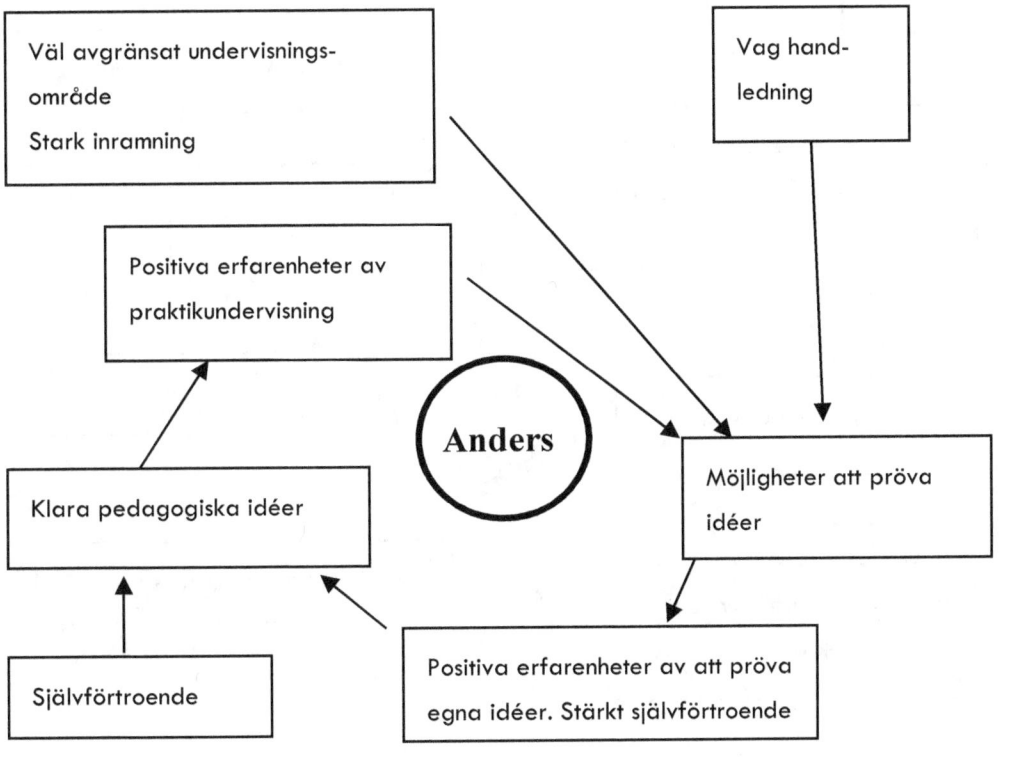

Figur 12a. Utgångsläge inför avslutande skolpraktik – Anders.

Berits erfarenheter är ju ganska nedslående, främst för henne själv men också för svensk skola. Man kan ju fråga sig vad hade hänt om Berit och Anders av någon anledning bytt placering? Det vet ingen. Båda hade fått arbeta utan kvalificerad handledning.

Anders hade troligen arbetat efter sina pedagogiska ideal och klarat det. Berit hade kanske inte fått all den handledning hon önskade, men hade troligen fått ett trevligare bemötande och sluppit att kämpa mot kritiska synpunkter från kollegerna. Hon hade också haft undervisningsmoment som varit lättare att hantera.

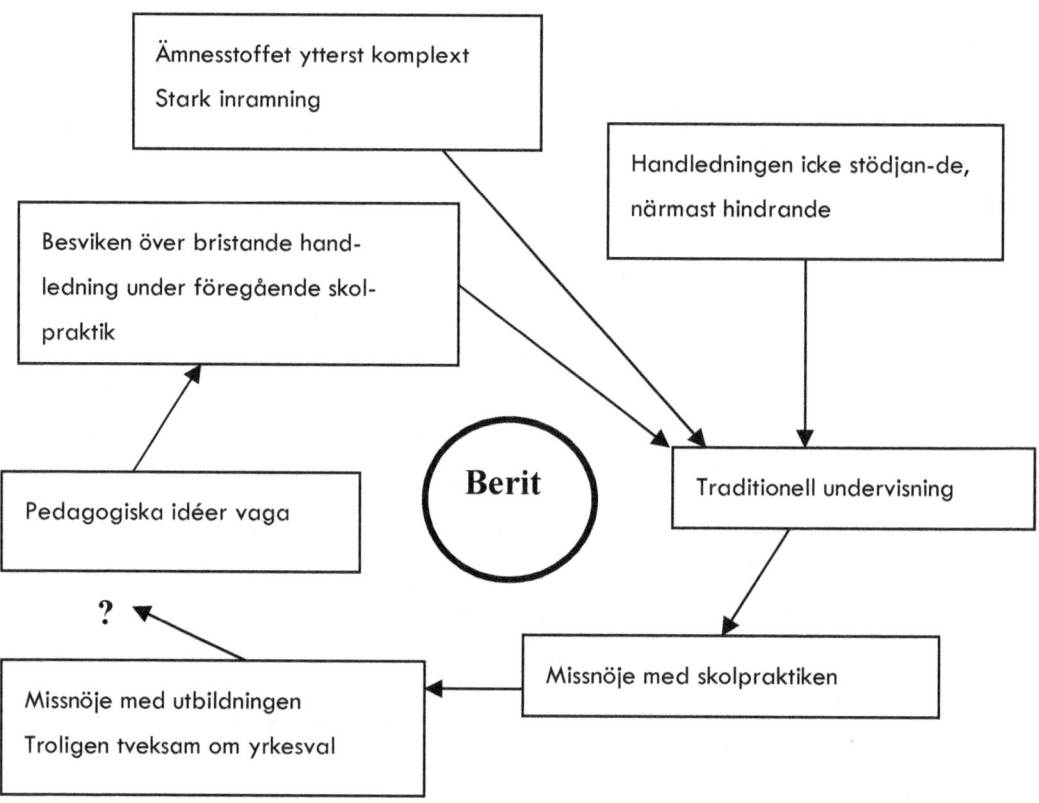

Figur 12b. Utgångsläge inför avslutande skolpraktik – Berit.

När man går igenom materialet i sin helhet slås man av hur olika de två studenterna reflekterar kring skolan och möjligheterna som finns där. Det gäller alltifrån filmen de fick kommentera till hur de upplevde störande "strul" under lektionerna

När *Anders* insåg att eleverna hade uppfattat uppgiften om hjärtat på ett annat sätt än avsett säger han "jag blev lite förvirrad – det var ju ganska kul."

Vi har ingen motsvarande situation för *Berit* men hennes reaktion när hon frågade dem "vad vi gjorde förra gången?" ... (å en sån tråkig fråga), antyder det att hon är närmast uppgiven.

Självklart är att de blivande lärarna är olika personligheter och skall så vara.

Vi vet inte hur dessa studenter kommer att utvecklas som lärare. Om man har studenter som är tillbakadragna och självkritiska bör de få hjälp av handledare att inse att det är ganska normala egenskaper. De skall inte behöva ta på sig "skulden" för de eventuella tillkortakommanden som blivande lärare ofta råkar ut för.

När jag gått igenom anteckningar från samtal med Berit konstaterar jag att hennes svårigheter att få hjälp och handledning inte var orsakat av henne själv. Hon var osäker på hur hon skulle lägga upp genetiken och försökte informera sig både om skolans rutiner och om uppläggningen av biologiundervisningen. Hon kände sig avsnäst. Hon upplevde att hennes undervisning blev tråkig i stället för "rolig" som var hennes avsikt. Bäst gick det när eleverna fick en konkret uppgift att arbeta med som t.ex. klassiska korsningsscheman.

Vad gav arbetet med fallstudierna?

Syftet med att göra fallbeskrivningar av enskilda studenters väg genom lärarutbildningen var att se vad denna utbildning givit och vad de "tagit till sig" av lärarutbildningens budskap. En fråga som legat och grott under min tid som lärarutbildare var: *Vad sker med studenterna under deras lärar-*

utbildning – i första hand med deras förståelse av den lärarutbildning de deltar i – och hur ser de på sitt eget lärande till lärare?

Det är väl bara att konstatera att intervjuerna inte gav svar på denna speciella fråga. Däremot vill jag påstå att intervjusamtal med kandidater gav mig värdefull information som gjorde att jag förstod studenternas situation bättre t.ex. när det gäller handledningen under deras praktikperioder. Kompetens att handleda bygger givetvis på ämneskompetens, men har också att göra med andra faktorer som t.ex. pedagogisk grundsyn, förmåga att fungera som vuxenpedagog osv. Vidare visade fallstudierna att de ämnesområden som lärarstudenterna får sig tilldelade kan vara olika svåra att planera för oerfarna studenter. Ämnesområdet "hjärta–blodomlopp" är exempel på ett ämnesområde med stark inramning medan ett genetikmoment kan läggas upp på flera olika sätt och därför är mer krävande att planera.

Sammanfattningsvis tror jag att studenterna hade fullt upp med att klara alla uppgifter som lades på dem. Om man önskar undersöka "hur de ser på sitt eget lärande" förtjänar den frågan att undersökas mer genomtänkt än vad som gjordes i de redovisade fallstudierna.

Ytterligare en faktor som påverkar möjligheten till denna typ av FOU-arbete är nödvändigheten av tillräckligt med tid. När jag tänker på vad jag trodde var möjligt att hinna med inser jag att planeringen var väl naiv. Jag har därför tvingats begränsa redovisningen till två fallbeskrivningar. Även om jag hade hoppats komma lite längre i denna studie vågar jag dock påstå att intervjuserierna av sammanlagt 16 studenter pekar på den stora *betydelse handledningens kvalitet* har under den verksamhetsförlagda utbildningen. Något som bör uppmärksammas av de debattörer som tenderar till att bortse från att lärarutbildning är en komplex process.

I kapitel 6 redovisas ett antal exempel på samtal som jag som handledare mer eller mindre oförberett har fört med studenter. Bortsett från den första episoden att "ta varandra på allvar", som för mig är ett helt självklart förhållningssätt för en lärare, handlar de andra handledningssituationerna om episoder kring laborativt arbete *men* där samtidigt andra faktorer starkt präglar situationen. Till exempel:

- Studenten som upplever sig ha svårigheter att skapa kontakt med barn/elever.
- Studenten som uppträder manipulativt och utan omdöme.
- Studenter som tillåts planera och starta undervisning utan att förstå att praktikhandledaren tänker låta dem uppleva ett misslyckande för att sedan visa studenterna "den rätta vägen".

Den student, som under en kort stund konfronteras med ett antal vanligt förekommande pedagogiska problem som organisation av en kemilaboration, att hålla ordning på två oroliga gossar i klassen, att i den teoretiska uppföljningen av laboration klara att behandla oväntade svar, att möta fenomenet "den lilla hjälpläraren" och att efter en händelserik lektion uppleva att två handledare (praktikhandledaren och gästande metodiklärare) till en början tolkade ett elevsvar helt olika, får nästan anses ha fått sig en full ranson *av pedagogik i praktik*. Den efterföljande diskussionen minns jag som givande. Inte minst för mig själv. Det viktiga är naturligtvis att den unge studenten inte lämnas förvirrad och osäker utan hade möjlighet att ställa frågor till sin praktikhandledare på skolan – en person som åtnjöt stort förtroende.

Sammanfattning: De exempel som jag givit av vad det kan innebära att lära till lärare visar hur sammansatt den processen är:

- Det är alltså en mångfacetterad uppgift att utbilda en ung människa att klara livet i klassrummet.
- Det kräver i dessa dagar mod att som ung student välja lärarutbildning.
- Det kräver omdöme och "spelförståelse" att klara situationen, som Anders gjorde i fallet med "hjärtat och blodomloppet".
- Det kräver kunnande och erfarenhet att som bestämmande i skolfrågor inse att lärarutbildning är komplex.

En sista fråga: *Vad kan man lära av figur 12?*

KAPITEL 8

Inför framtiden: Respekt för lärarnas arbete och satsning på handledning

Om man menar allvar med talet om att satsa på svensk skola måste denna satsning omfatta viktiga delar av lärares utbildning.

Under ett antal år har man satsat på modellen VFU, dvs. verksamhetsförlagd utbildning, vilket innebär att en stor del av den praktiska lärarutbildningen är förlagd ute på skolor. Detta för att stärka kopplingen mellan teori och praktik i utbildningen. En hel del kritik har riktats mot VFU i den form verksamheten har fungerat och mycket talar för att förändringar måste genomföras.

Efter ca 30 år som lärarutbildare med ett stort antal kontakter såväl med lärarstudenter, handledare och skolledare vill jag med bestämdhet hävda nödvändigheten av att lärarstudenterna får bästa möjliga utbildning, vilket i sin tur innebär bästa möjliga handledning.

I kapitel 6 skriver jag något om verksamheten vid Lärarhögskolan i Stockholm under 70- och 80-talet. Vi som då fungerade som metodiklektorer med handledningsbesök ute på praktikskolorna gav handledning ungefär som vi själva hade fått ett antal år tidigare. Vid en kurs anordnad av Gerhard Arfwedson för lärarna vid ämneslärarlinjen blev det uppenbart att det fanns ett starkt behov av att syna och kanske även utveckla handledningsfunktionen.

Det faktum att stora resurser läggs på VFU talar för att de medel som läggs på den delen skall användas för handledning, inte bara på beprövad erfarenhet utan också på vetenskaplig grund. Som lekman tolkar jag att bakom modellen med VFU ligger tanken att lärarutbildningen bjuder på goda möjlig-heter att arbeta enligt den pedagogiska teorimodellen "situated learning".

Här kommer några fromma önskemål om verksamheten

❖ Kärnan i lärarutbildning är en god handledning som i möjligaste mån ges i anslutning till de moment som behandlas i undervisningen. Handledning omfattar hjälp att planera och följa upp studentens undervisning.

❖ Det krävs att de medverkande är seriöst engagerade i uppgiften och positiva till samverkan.

❖ Det är viktigt att lärarstudenten känner sig välkommen till skolan och inte upplever sig som en belastning för skolarbetet utan ses som en framtida till-gång.

❖ Man bör vara medveten om att studenten befinner sig i en osäker situation och kanske tvekar om sitt yrkesval.

❖ Handledning måste på sikt ledas av toppkompetenta krafter med förmåga och vilja att utveckla verksamheten och därigenom medverka till att höja kvaliteten på utbildningen.

❖ Handledning kan bara få ett bra resultat när tillit råder mellan handledare och den handledde.

❖ Handledning kräver ämnesmässig och pedagogisk kompetens hos den som handleder.

❖ *Glöm inte* att kritik syftar till att stödja den som handleds. Om handledningen ges ogenomtänkt kan den i värsta fall få negativa konsekvenser.

❖ *Glöm inte* att handledningssamtal skall föras i en sådan ärlig atmosfär att alla får komma till tals och känner att de lärt sig något.

Givetvis har lärarutbildningen redan kontakt med många duktiga handledare. Men med jämna mellanrum drabbas lärarutbildningen av hotfulla signaler om kommande lärarbrist.

Denna rapport redovisar hur viktigt det är att lärarstudenterna tas emot på ett positivt sätt när de kommer till sin praktikskola. Vidare pekar den på hur nödvändigt det är att handledaren har tillräckliga ämneskunskaper för att kunna föra en meningsfull dialog med lärar-studenten.

Handledaren en framtida centralfigur?

En av handledarens många viktiga uppdrag är att i samband undervisningen för studenterna förklara och tydliggöra händelser som de kanske annars skulle ha missat.

I kapitel 2 har jag med hjälp av några korta episoder redovisat ett antal självupplevda pedagogiska problem. Om det nu är så att de beskrivna problemen existerar bör de naturligtvis tas upp i lärarutbildningen. Hur skall då studenterna lära sig att hantera dessa och liknande problem.

Givetvis skall man utnyttja litteraturen, men kanske framför allt genom att under praktiken öva sig att "läsa av" vad som sker i klassrummet. Nu är det antagligen så att studenten själv inte klarar att registrera och förstå allt som sker i skolan. Studenten kan behöva hjälp för att tolka situationen. En uppgift som kräver en intresserad och kunnig handledare med kunskaper, som gör det möjligt för honom att kommunicera med sina skolelever, lärarstudenterna, lärarkollegor och lärarutbildarna på lärarhögskolan. En uppgift som ställer stora krav på handledarens kunnande. "Den gode handledaren" blir troligen många gånger den som översätter episoder i klassrummet till de mera teoretiska resonemang som tas upp i lärarutbildningen.

Utvecklingen av en sådan kommunikation mellan olika parter involverade i lärarutbildningen borde på sikt bl.a. leda fram till ett gemensamt yrkesspråk. Ett språk som är funktionellt och accepteras som en hjälp i den pedagogiska diskussionen och inte uppfattas som ett uttryck för snobberi.

Kritik av lärarutbildningen

Under senare år har det ofta framkommit kritik mot lärarutbildningen i vårt land. Det finns nog skäl för det. Men ska kritik ha en positiv effekt bör den vara saklig och konstruktiv. Man bör därför fundera kring vad det är som gör att utbildningen i vissa avseenden fungerar mindre bra.

När grundskollärarreformen genomfördes hade lärarutbildarna haft relativt gott om tid att förbereda sig. Ambitionen var hög bland många medarbetare. Den nya utbildningen utsattes för kritik och redan innan den första kullen hade avslutat sin utbildning var man igång med att ändra kursplaner utan att man gjort en ordentlig utvärdering. De nya planerna skulle medföra större valfrihet för studenterna, men ett oönskat resultat av den ökade valfriheten var att ett antal studenter kunde ta examen utan att ha fått någon utbildning i att lära barn att läsa.

Andra förändringar som genomfördes var t.ex. att NO-kurser som tidigare varit obligatoriska för de så kallade 1–7 lärarstudenterna ströks ur obligatoriet. Kanske var dessa förändringar befogade, kanske inte. Däremot kan man ju hävda att sådana kursplaneförändringar nog bidrar till en viss förstämning hos de medarbetare som önskar arbeta lite mer långsiktigt. Besvikna medarbetare vars kunnande inte utnyttjas är rimligtvis dålig ekonomi. Likaväl som det har satsats medel för att ge studenterna en god handledning för produktion av eget arbete, lika angeläget borde det vara att stödja studenterna i deras professionella utveckling: skolpraktiken.

Vi står nu inför en stor och allvarlig uppgift. Hur skall vi någonsin få ihop tillräckligt många lärare? Går det att stoppa flykten från läraryrket? Kanske det redan är för sent. Vi borde samla oss till seriös diskussion, lyssna lite mera i syfte att själva bli lite klokare. Att bara ställa in sig i den allmänna klagokören och "brumma med" kan bli förödande för den framtida rekryteringen av lärare. Det enda jag som enskild person kan göra är att tala om för dem, som ännu inte har flytt fältet, vilket oerhört kvalificerat och spännande jobb läraryrket är och samtidigt peka på hur komplext lärarkunnandet måste vara. Jag har försökt visa exempel på vad ett ämnesdidaktiskt perspektiv kan erbjuda. Det tycks mig stå i bjärt kontrast till den eländesbeskrivning vi har matats med under några år. Om vi verkligen vill förbättra skolan så handlar det att arbeta för en bättre undervisning. Då tror jag inte på att bara köra på med flera prov, tidigare betyg och "högre status" för lärarna. Om det senare kan åstadkommas med högre lön så är väl det bra, men före högre status för lärarna *skulle jag hellre önska mig större respekt för lärarens arbete!*

Om jag fick önska ytterligare något för lärarutbildningens del så vore det en ordentlig satsning på att ge lärarstudenterna kontinuerlig personlig handledning över tid av en metodiklärare och en ansvarig praktikhandledare. Denna grupp bör ha en viktig uppgift att följa studenterna longitudinellt genom utbildningen. Lärarutbildningen skulle därigenom kunna ha en viss kontroll på att ingen student tappades mellan stolarna och att ingen student skulle behöva råka ut för det som Berit gjorde. Dessa metodiklärare skulle fungera som "garanter" för att varje student får en fullgod praktikhandledning. Min erfarenhet säger mig att både student som metodiklärare kan ha stor nytta av återkommande samtal kring studentens erfarenheter och personliga utveckling. Jag skall be att få citera en student som efter det att jag hade intervjuat honom sa:

> Vi har ju haft massor av tillfällen då vi suttit i grupp och diskuterat än det ena än det andra problemet, men jag tror aldrig jag lärt mig så mycket som jag gjort i dag.

Jag tror inte han försökte ställa sig in. Jag tror det viktiga för honom var att han fick resonera om sina erfarenheter, positiva som negativa, med en person som var genuint intresserad och som förhoppningsvis kunde ge stöd och råd. Det innebär att den oerfarne lärarstudenten känner sig sedd av de personer som har betydelse för hans möjligheter att lyckas.

Vem bestämmer vad som är en bra lärarutbildning?

Ganska ofta har vi fått veta att parallellt med att man reformerar skolan så skall man också förändra lärarutbildningen. I debatten har man gjort jämförelser med lärarutbildningen i Finland och bl.a. konstaterat att de finska studenterna har mer ämnesstudier än de svenska. Det har diskuterats att inrätta speciella övningsskolor för studenternas praktikundervisning. Det har annonserats att man vill gå tillbaka till ett system med en kategori lärare utbildade för högstadiet och gymnasiet samt en annan kategori lärare utbildade för låg-mellanstadiet. Vi har fått höra av de styrande "aldrig förr har det genomförts så många reformer på så kort tid." Kvaliteten ordas det inte så mycket om.

En synpunkt som de styrande har glömt att diskutera är att reformtakten har gått i lugnare takt i Finland. Det faktum att man tvingades starta en ny lärarutbildning i Sverige utan att ha försäkrat sig om en god tillgång på handledare visar på faran av att pressa fram mindre väl genomtänkta beslut. Det är bara att hoppas att den svenska lärarkåren orkar "bita ihop" och arbeta vidare med siktet inställt på en skola som är mindre utsatt för politisk klåfingrighet.

*

Jag har tillåtit mig att bifoga en skiss, se Bilaga. *Den goda lärarutbildningen,* som blev till för cirka 15–20 år sedan. Avsikten med denna skiss var inte att få fram en mall för hur lärarbildningen skall bedrivas utan i stället inbjuda till att tänka igenom vilka krav som ställs på lärare och vad en lärarutbildning därför måste kunna ge. Skissen är uppdelad i tre "teman".

- *Teoretisk grund* omfattande ämneskunskaper, pedagogiskt kunnande.

- *Praktisk beredskap* omfattande ämnesmetodisk undervisningsrepertoar och allmänpraktiskt yrkeskunnande.

- *Personlig beredskap* omfattande bl.a. insikt om egen förmåga och mognad för läraryrket.

Om vi ser på den teoretiska grunden har jag exemplifierat det med ämneskunskaper respektive pedagogiskt kunnande. Vad gäller ämneskunskaperna kan man kräva att de har relevans för läraryrket. Ibland har det hävdats att kurser med kraftig ämnesdidaktisk tyngd, dvs. i hög grad relevanta för lärarutbildning, samtidigt är svåra att göra *påbyggbara* för studenterna.

Denna skiss kan därför sägas visa på såväl svårigheter som positiva möjligheter som föreligger vid planering av en lärarutbildning. Enligt min mening pekar den på något vi saknat i skoldebatten nämligen behovet av en insiktsfull diskussion som syftar till att, trots alla svårigheter, finna fruktbara lösningar även på besvärliga utbildningsfrågor.

Om litteratur

I det inledande kapitlet redovisade jag bristen på NO-didaktisk litteratur under 70-talet och början på 80-talet. Eftersom denna bok utgår från personliga upplevelser under min tid som lärare innebär det att den litteratur som jag hänvisar till inte alltid är den mest aktuella. Men däremot var den aktuell vid den tid då det begav sig och nya kunskapsområden utvecklades. Av den anledningen nöjer jag mig med att bifoga en lista på skrifter som inspirerade mig och många andra.

Litteratur

Aikenhead, G.S. (1996), "Science Education. Border Crossing into the Subculture of Science", *Studies in Science Education, 27, 1–52.*

Andersson, B. (1989), *Grundskolans naturvetenskap. Forskningsresultat och nya idéer.* Stockholm: Utbildningsförlaget.

Calderhead & Shorrock (1997, s. 12–17)

Claxton, G. (1991), *Educating the Enquiring Mind. The Challenge for School Science.* London: Harvester Wheatsheaf.

Harlen, W. (1985), *Taking the Plunge.* Oxford: Heinemann Educational Books.

Head, J. (red.) (1985), *The personal response to science.* Cambridge: Cambridge University Press.

(Jakobson och Marand 19)

Lager-Nyqvist, L. (2003) I en studie från Lärarhögskolan i Stockholm: stencil.

Loughran, J. (2007), *Developing a Pedagogy of Teacher Education. Understanding Teaching and Learning about Teaching.* London: Routledge.

Millar, R. (1998), "Rhetoric and Reality. What practical work in science is really for" i J. Wellington (red.), *Practical work in school science. Which way now?, 16–31.* London: Routledge.

Molander, B-O. (1997), *Joint discourses or disjointed courses. A study on learning in upper secondary school.* [Diss.] HLS förlag: Studies in educational sciences, 8.

Pedersen, S. (1992), *Om elevers förståelse av naturvetenskapliga förklaringar och biologiska sammanhang.* [Diss.] Studies in Education and Psychology, 31. Stockholm: Almqvist & Wiksell International.

Pedersen, S. (1998), "De naturorienterande ämnenas didaktik" i G. Arfwedson (red.), *Undervisningens teorier och praktiker.* Didactica 6. Stockholm: HLS Förlag.

Roberts, D.A. (1988), "What counts as science education?" i P. Fensham (red.), *Development and dilemmas in science education, 27–54.* London: The Falmer Press.

Shayer, M. & Adey, P. (1981), *Towards a science of science teaching. Cognitive development and curriculum demand.* London: Heinemann Educational.

Shulman, L.S. (1987), "Knowledge and Teaching; Foundations of the New Reform", *Harward Educational Review, 57, 1–22.*

Sjöberg, S. (1990), *Naturfagenes didadaktikk. Fra vitenskap till skolefag.* Oslo; Gyldendal.

Säljö, R. (1995), "Begreppsbildning som pedagogisk drog", *Utbildning och demokrati 1., s. 5–22.*

Solomon, J. & Lee, J. (1991), *School home investigations in primary science: The "Ships" Project.* Hatfield: Association for Science Education.

Sutton, C. (1992), *Words, Science and Learning.* Buckingham: Open Univer-sity Press.

Wickman, P-O. & Persson, H. (2009), *Naturvetenskap och naturorienterande ämnen i grundskolan – en ämnesdidaktisk vägledning.* Stockholm: Liber.

Östman, L. (1995), *Socialisation och mening. NO-utbildning som politiskt och miljömoraliskt problem.* [Diss.] Stockholm: Almqvist & Wiksell International.

www.ingramcontent.com/pod-product-compliance
Lightning Source LLC
Chambersburg PA
CBHW082206220526
45470CB00010B/3061